如何传承好家风

任初轩 ◎ 编

人民日报出版社
北京

图书在版编目（CIP）数据

如何传承好家风 / 任初轩编 . — 北京：人民日报出版社，2024.4
ISBN 978-7-5115-8260-7

Ⅰ.①如… Ⅱ.①任… Ⅲ.①家庭道德－中国 Ⅳ.
① B823.1

中国国家版本馆 CIP 数据核字（2024）第 071834 号

书　　　名：	如何传承好家风	
	RUHE CHUANCHENG HAO JIAFENG	
编　　　者：	任初轩	
出 版 人：	刘华新	
策 划 人：	欧阳辉	
责任编辑：	曹　腾　季　玮	
特约编辑：	李中皓	
版式设计：	九章文化	
出版发行：	人民日报出版社	
社　　　址：	北京金台西路 2 号	
邮政编码：	100733	
发行热线：	(010) 65369509　65369527　65369846　65369512	
邮购热线：	(010) 65369530　65363527	
编辑热线：	(010) 65369523	
网　　　址：	www.peopledailypress.com	
经　　　销：	新华书店	
印　　　刷：	大厂回族自治县彩虹印刷有限公司	
法律顾问：	北京科宇律师事务所　010-83622312	
开　　　本：	710mm×1000mm　1/16	
字　　　数：	126 千字	
印　　　张：	15.25	
版次印次：	2024 年 4 月第 1 版　2024 年 4 月第 1 次印刷	
书　　　号：	ISBN 978-7-5115-8260-7	
定　　　价：	48.00 元	

目　录

思想平台

01　良好家教家风助力基层社会治理
　　　　　　　　　　　　　　　　　　洪谊雅　黄亨奋／002

02　夯实对党忠诚的家风基石
　　　　　　　　　　　　　　　　　　　　　　李　斌／006

03　加强家庭家教家风建设
　　　　　　　　　　　　　　　　　　孙秋英　刘　洁／009

04　让红色家风代代传承
　　　　　　　　　　　　　　　　　　　　　　李昌禹／014

05　涵养新时代共产党人的良好家风
　　　　　　　　　　　　　　　　　　　　　　李浩燃／017

06　以好家风涵养团结奋斗精神
　　　　　　　　　　　　　　　　　　　　　　朱翠明／020

07 推动全社会注重家庭家教家风建设
………………………………………………徐保明 / 023

08 良好的家教家风使人向上向善
………………………………………………马祖云 / 026

09 用良好家风涵养青少年道德情操
……………………………………张　放　甘浩辰 / 029

10 领导干部一定要重视家教家风
………………………………………………张长春 / 032

11 传承优良家风　涵养廉洁文化
……………………………………钱均鹏　张　奇 / 036

12 以廉洁家风　涵养时代新风
………………………………………………曹　原 / 040

13 严格正家风　管好身边人
………………………………………………桑林峰 / 044

14 家风关系到党风政风民风
………………………………………………何忠国 / 047

理论茶座

15 大力弘扬艰苦奋斗、勤俭节约精神
………………………………………………姜泽洵 / 052

目 录

16 弘扬优良家风　营造见贤思齐的社会氛围
·· 刘　琳 / 059

17 推动新时代家庭家教家风建设高质量发展
·· 冯颜利 / 063

18 高度重视家庭家教家风建设
·· 黄铁苗 / 069

19 自觉涵养新时代良好家风
·· 王增福 / 074

20 建设和弘扬新时代良好家风
·· 朱本欣 / 078

21 传承弘扬好家风
·· 沈壮海 / 083

22 传统家礼文化的地位、功能与传承价值
·· 葛大伟　陈延斌 / 086

23 推动形成社会主义家庭文明新风尚
·· 姜玉峰 / 092

24 在守正创新中推动廉洁家风建设
·· 李文凯 / 097

25 新时代家庭家教家风建设的根本遵循
·· 赵　林 / 101

26 树立良好家教家风　构建清廉社会生态
　　…………………………………广东省纪委监委宣传部课题组 / 110

27 加强家庭家教家风建设
　　……………………………………………………宋福龙 / 118

28 新时代家风建设的概念、意义与路径
　　……………………………………………………叶文振 / 124

学术圆桌

29 理解把握新时代好家风的内涵、价值与建构
　　………………………………………李毅弘　戴歆馨 / 130

30 家齐而后国治——领导干部家风建设的基本路径
　　……………………………………………余科豪 等 / 149

31 新时代家风建设重要论述的理论逻辑与实践价值
　　……………………………………………………顾保国 / 164

32 领导干部家风建设要拧紧思想"总开关"
　　……………………………………………………孙　洁 / 195

33 新时代家庭家教家风建设的高质量发展
　　……………………………………………………靳凤林 / 204

34 家教家训的教化功能
　　……………………………………………………韩　昇 / 231

思想平台

如何传承好家风

思想平台

良好家教家风助力基层社会治理

洪谊雅　黄亨奋

党的十九届四中全会提出，要"注重发挥家庭家教家风在基层社会治理中的重要作用"。中国特色社会主义进入新时代，我们要大力弘扬中华民族传统家庭美德，用良好家教家风涵育道德品行，推动形成爱国爱家、相亲相爱、向上向善、共建共享的社会主义家庭文明新风尚，助力基层社会治理取得明显成效。

不论时代发生多大变化，不论生活格局发生多大变化，我们都要重视家庭建设，注重家庭、注重家教、注重家风。家庭是社会的基本细胞，良好家教家风是加强和创新基层社会治理的重要依托，三者互相促进、相得益彰。家庭建设在教育引导家庭成员自觉履行法定义务、家庭责任的同时，还承载着独特的社会功能，能辐射影响周围人的思想观念、处事方式和品格修养。和睦的家庭、严正的家教、朴厚的家风，对营造良好社会风尚、维护社会和谐安定具有基础性作用。

中华民族历来重视家庭家教家风，千百年来留下的家规家训数不胜数。家庭作为社会细胞，其良性运行和健康发展能有效减轻基层社会治理压力、显著提升基层社会治理效能。家风是一个家庭的精神内核，不仅折射家庭风貌，而且关乎党风、政风和民风，是社会风气的重要组成部分。家风好，就能促进家道兴盛、家庭和顺美满；家风差，难免殃及子孙、贻害社会，正所谓"积善之家，必有余庆；积不善之家，必有余殃"。从近些年各级纪检监察部门查处的腐败案件看，一些党员、干部不良作风问题滋生甚至违法乱纪的一个重要根源正是家风不正、家教不严。党的十八大以来，以习近平同志为核心的党中央高度重视党员、干部的家教家风问题，将家庭建设作为全面从严治党的一个重要抓手贯穿于党风廉政建设中，推动党风、政风和社会风气明显好转。当前，要把家庭家教家风作为加强和创新基层社会治理的有效抓手，充分发挥其涵养道德、厚植文化、润泽心灵的德治作用，推动社会安定祥和、文明进步。

弘扬中华民族传统家庭美德。中华民族传统家庭美德铭记在中国人的心中、融入中国人的血脉，是支撑中华民族生生不息、薪火相传的重要精神力量，是家庭文明建设的宝贵精神财富。例如，《颜氏家训》《朱子治家格言》等中华传统家规家训，

思想平台

彰显着治家良策或修身典范,至今具有独特价值和现实意义。新时代,要传承和发展中华民族传统家庭美德,充分挖掘其中蕴含的克己修身、尊老爱幼、勤俭持家、敦亲睦邻等思想文化资源,为基层社会治理提供丰厚道德滋养。

加强家庭文明建设,既要延续传承中华民族传统家庭美德,又要凝练提升现代生活的有益文明成果。应结合培育和践行社会主义核心价值观,对中华优秀传统文化进行创造性转化和创新性发展,把良好家规家训与市民公约、乡规民约结合起来,赋予其新的时代内涵和现代表达形式,并融入基层社会治理,充分发挥其教化引导作用,推动形成崇德向善、见贤思齐的社会风尚,从源头上预防和化解社会矛盾、维护社会和谐稳定,为加强和创新基层社会治理凝聚精神力量。

重视家庭教育。家庭是人生的第一个课堂,父母是孩子的第一任老师。一个人能否树立远大理想和坚定信念、是否具备健全人格和优良品德,与家庭教育息息相关。加强和创新基层社会治理,家庭教育至关重要。重视家庭教育,父母要在充分认识孩子认知特点的基础上,注重以言传身教的方式培养子女高尚的道德情操、优秀的文明素养、良好的行为习惯,帮助他们扣好人生的第一粒扣子、迈好人生的第一个台阶。

还要看到,当今社会思想意识、价值观念日趋多元,互联网已成为意识形态较量的主阵地。家庭教育要把培育和践行社会主义核心价值观作为重要内容，教育引导家庭成员尤其是下一代热爱中国共产党、热爱祖国、热爱人民，弘扬社会主义道德，树立勤学、修德、明辨、笃实的理念，把正确的道德认知、自觉的道德养成、积极的道德实践紧密结合起来，为加强和创新基层社会治理打牢思想之基。

树立良好家风。良好家风是家庭和谐发展的内在动力，也是基层社会治理创新的重要推力。重视家风建设，是我们党的优良传统和作风。早在新中国成立初期，毛泽东同志就在如何对待亲情上定下三条原则：恋亲不为亲徇私，念旧不为旧谋利，济亲不为亲撑腰。

良好家风是拒腐防变的"防火墙"，党员、干部作为各自家庭的重要成员，要以身作则、修身律己，在良好家风建设中起表率作用，自觉以党章党规党纪为戒律，时时与《中国共产党章程》《中国共产党廉洁自律准则》《中国共产党纪律处分条例》等对照对标，廉洁自律、公正无私、勤俭节约，始终保持高尚道德情操和健康生活情趣。同时，要以高标准、严要求对待家庭成员和身边人，加强对家属子女的教育管理，经常给身边的亲朋好友敲警钟，督促他们走正道、务正业，高度警惕特权思想产生和特权现象出现。

《人民日报》（2020年01月14日第09版）

如何传承好家风

思想平台

夯实对党忠诚的家风基石

李 斌

"忘掉我,不要为我的牺牲而伤痛,集中精力进行战斗,继续努力完成党的事业……"1931年9月,老一辈无产阶级革命家王若飞在内蒙古包头因叛徒出卖不幸被捕,在狱中写下诀别信,鼓励妻子李培之同志继续为党的事业而战斗。字里行间洋溢着共产党人对党的绝对忠诚和无限深情,树起了革命理想高于天、初心使命薪火传的光辉典范。

"天下至德,莫大乎忠。"忠诚是共产党员必须具备的优秀品质,如果说信仰是安身立命的政治灵魂,那么忠诚就是成事创业的政治地基。对党忠诚老实的政治要求,体现在党章对党员义务的郑重规定,体现在加强党的政治建设的方方面面。"七一"之际,中央和国家机关纷纷开展"不忘初心、弘扬优良

夯实对党忠诚的家风基石

思想平台

家风"主题党日活动，引导广大党员干部看齐老一辈革命家和先进模范人物修身齐家风范，通过严格家教带动亲属子女坚决听党话、跟党走。共产党人对党忠诚，不仅要在政治方向上稳立初心使命，在工作岗位上经受风浪考验，在家庭生活中也要勤于检视问题，涵养爱党爱国、报党报国的家庭氛围。

忠诚印寸心，浩然充两间。党员领导干部把对党忠诚纳入家庭家教家风建设，有助于赓续初心使命，让共产党人的精气神在一代代人中传承下去、在社会上广播开来。一个始终心系党和人民、坚定许党许国的人，必定会带给周围的人篝火一样的温暖、清泉一样的澄澈、星空一样的辽阔。"工作上向先进看齐，生活条件跟差的比"，焦裕禄的家训曾让儿女们感到委屈和不满，却引领他们磨炼信仰与忠诚，在平凡岗位上践行全心全意为人民服务的宗旨。"我守好我的海岛，你守好你的国门"，王志国谨记父亲王继才的叮嘱，延续父母坚定守护海防的初心，把一腔热血投入到护卫边防安全中。家庭不只是人们身体的住处，更是人们心灵的归宿。对青少年而言，从红色家风中播撒信仰种子，汲取人生大义，拥抱新风正气，必能够挺直精神脊梁，成长为有益于国家和人民的人。

古人言："将教天下，必定其家，必正其身。"修身齐家向来被视作为政用权的起点。夯实对党忠诚的家风基石，营造爱党爱国爱家、舍小家为大家的家庭氛围，就可以增进为党尽忠、

007

如何传承好家风

思想平台

为国尽责的奋进动能，就可以筑牢防微杜渐、拒腐防变的作风堤坝。

习近平总书记曾提醒中央党校县委书记研修班学员："如果没有对党忠诚作为政治上的'定海神针'，就很可能在各种考验面前败下阵来。"从查处的案件看，因为家风败坏而走向违纪违法，不少落马官员都存在类似的腐败轨迹。对领导干部而言，立政德必须明大德、守公德、严私德，其中一项重要内容就是要把家风建设摆在重要位置。爱惜名节的家人，严格自律的家规，清正廉洁的家风，本身就是抵御歪风邪气的防火墙。以坚定信仰、对党忠诚、为政廉洁来立家、齐家、兴家、报家，折射出教之有方、育之有德的智慧，其实也是馈赠家人的无形财富。

党的事业，人民的事业，是靠千千万万、一代又一代忠诚奉献的党员不断铸就、不断开创新局面的。爱党护党的家庭文化，是最生动的信仰传承，也是最有效的党性教育。让红色基因牢牢扎根在心灵深处，让忠诚信仰成为引领社会进步的风尚，我们的国家就会像革命前辈所瞩望的那样，"有个可赞美的光明前途"。

《人民日报》（2020年07月08日第04版）

加强家庭家教家风建设

孙秋英　刘　洁

家庭是社会的细胞，是基层社会治理的重要基础。加强和创新基层社会治理，可以把家庭家教家风作为重要抓手，充分发挥其涵养道德、厚植文化、润泽心灵的德治作用，从而推动营造良好社会风尚、维护社会和谐安定。

从中华优秀传统文化中汲取丰厚文化滋养。中华优秀传统文化积淀着中华民族最深沉的精神追求，是中华民族生生不息、发展壮大的丰厚滋养，潜移默化影响着人们的思想方式和行为方式。重家教、守家训、正家风是中华民族的优良传统。从孔子庭训"不学礼无以立"到诸葛亮诫子"静以修身，俭以养德"，从岳母刺字激励精忠报国到朱子家训"恒念物力维艰"，无不承载着长辈对后代的希望与嘱托，蕴含着丰富的人生智慧与传统

如何传承好家风

思想平台

美德。家国同构的社会治理模式以及由此凝结而成的家国一体情怀、修齐治平理想，使这些人生智慧与传统美德早已融入中国人的血脉，成为中华民族生生不息、薪火相传的重要精神力量，也成为新时代我们加强家庭家教家风建设、加强和创新基层社会治理的丰厚文化滋养。

加强家庭家教家风建设，需要尊重历史、延续文脉，对中华优秀传统文化进行创造性转化和创新性发展，从中萃取精华、汲取能量，进一步为社会治理提供丰厚文化滋养。例如，厚德敦伦、教化修身的道德规范，治家睦邻、治学济世的思想理念，崇德尚礼、和而不同的文明智慧等，都可以成为新时代加强家庭家教家风建设的文化滋养，需要结合新的时代条件不断发扬光大。我们要对中华优秀传统文化进行深入挖掘和阐发，使其与当代文化相适应、与现代社会相协调，把跨越时空、超越国界、富有永恒魅力、具有当代价值的文化精神弘扬起来，讲好新时代的家风故事，进而为基层社会治理提供有力文化支撑。

与培育和践行社会主义核心价值观结合起来。社会主义核心价值观是当代中国精神的集中体现，凝结着全体人民共同的价值追求。传统家庭家教家风建设中以和为贵、与人为善、自强不息、诚实守信等价值理念，与社会主义核心价值观高度契合。在现实生活中，可以将家庭家教家风建设作为培育和践行社会主义核心价值观的重要抓手，将个人、家庭、社会有机联系起来，从个人和家庭起步，做好基层社会治理大文章。

家庭是培育和践行社会主义核心价值观的重要载体。传承向上向善的家庭美德，把家庭作为道德品行教育的第一场所，重视父母对孩子的家庭教育，形成良好家风，引导孩子扣好人生第一粒扣子，迈好人生第一个台阶，使孩子成长为具有美好心灵、对国家和社会有用的人才，是社会长治久安的基础。当前，我们要把社会主义核心价值观作为行为准则，从家庭、社会、国家层面探索推进家庭家教家风建设的有效路径。在家庭层面，聚焦家庭德育功能，通过生活化场景、日常化活动、具体化载体，在传家风、立家训中筑牢责任意识、担当精神，在正家风、齐家规中砥砺道德追求、理想抱负。在社会层面，通过生动、具体、直观、形象的社会宣传、学校教育、志愿服务等，使体现社会主义核心价值观的家庭家教家风走进百姓、贴近生活，在潜移默化中浸润人心、成风化俗。在国家层面，教育引导下一代增强对家庭、社会的责任感，提高对国家、民族的认同感，使千千万万个家庭成为国家发展、民族进步、社会和谐的重要基点。

促进德治与法治相得益彰。习近平总书记强调："法律是准绳，任何时候都必须遵循；道德是基石，任何时候都不可忽视。"加强家庭家教家风建设，既要注重道德教化，又要注重制度规范，努力实现教育引导和制度支撑相互作用、相互促进。从《新时代公民道德实施纲要》提出"用良好家教家风涵育道德品行"，到民法典确立"家庭应当树立优良家风，弘扬家庭美德，重视家庭文明建设"的原则性规定，都为新时代家庭家教家风建设提供了制度保障，为基层社会治理实践指明了重要方向、开辟了新的路径。这要求人们自觉提升道德修养和法治素养，将道德规范和法律约束有机统一起来，善于运用法治解决道德领域存在的突出问题，促进德治与法治相得益彰，使社会形成良好的文明风尚，从而营造良好的基层社会治理环境。

此外，还要特别重视以制度规范领导干部家庭家教家风建设。领导干部的家风，不仅关系自己的家庭，而且关系党风政风。《中国共产党廉洁自律准则》规定："廉洁齐家，自觉带头树立良好家风"。《中国共产党纪律处分条例》规定："党员领导干部不重视家风建设，对配偶、子女及其配偶失管失教，造成不良影响或者严重后果的，给予警告或者严重警告处分；情节严重的，给予撤销党内职务处分"。这就以党内法规形式对领导干部家庭家教家风建设提出明确要求，既从廉洁自律方面划出道德高线，又对家风不正，对配偶、子女及其配偶失管失教的情况作出处分规定，明确了不可触碰的底线和禁区。领导干部要对标对表，以身作则、严于律己,廉洁修身、廉洁齐家,始终保持公仆本色,始终牢记党员身份,始终坚定理想信念,自觉带头树立良好家风,严格要求亲属和身边工作人员,以共产党人的高尚品格和操守为社会作表率。

《人民日报》(2020年08月17日第09版)

如何传承好家风

思想平台

让红色家风代代传承

李昌禹

福建南部的海岛东山县,当地群众有个习俗:清明节"先祭谷公,再祭祖宗"。"谷公"就是东山县的老县委书记谷文昌同志。谷文昌之所以能留得丰碑在人间,不但因为他带领群众改天换地,也与其严以持家、清正廉洁的家风分不开。

"不许沾公家的一点油!"谷文昌告诫家人。他在东山县工作10余年,爱人和5个子女在工作、生活上没得到过任何特殊照顾。谷文昌去世后,家人每年清明节扫墓,都是悄悄来、悄悄去,从未让地方上提供方便。政声人去后,如今过去了半个多世纪,谷文昌仍被当地干部群众记在心头。

红色家风是我们党永不褪色的"传家宝"。中国共产党人在不断赶考的峥嵘岁月里,留下了许多感人至深的红色诫子书、革命育儿经。毛泽东同志曾为亲情规矩立下"三原则"：恋亲不为亲徇私，念旧不为旧谋利，济亲不为亲撑腰。周恩来同志语重心长地教育晚辈要过好"五关"——思想关、政治关、社会关、亲属关和生活关，并制定"十条家规"……这些红色家风，其共通之处在一个"公"字。大公无私、公而忘私、公私分明一以贯之，展现出共产党人的鲜明本色，体现了共产党人的先进性和纯洁性。

家风连着党风、政风。习近平总书记指出："领导干部的家风，不是个人小事、家庭私事，而是领导干部作风的重要表现。"家风反映了干部对待公权与私利的态度，是领导干部价值观和权力观的体现。从那些查处的腐败案件看，一些领导干部家风不正，继而养成享乐主义、奢靡之风等不良风气，将公权用作"私器"，为自己和家人大肆敛财，走上犯罪道路，留下深刻的教训。

干部的一言一行、一举一动，是家人的榜样。传承红色家风，党员领导干部尤其要走在前、作表率，严于律己，自身始终干净过硬。同时做到严格管教家人、身边人，不搞特殊化，不公权私用。焦裕禄当年教育女儿："你不能因为是县委书记的女儿就高人一等，你应该到艰苦的地方去锻炼。"杨善洲严格到女儿陪他看病，也不能搭"顺风车"。谆谆家训、磊磊家风，不仅奠定了子女的道德基础，而且塑造了后代的气质品格。

如何传承好家风

思想平台

传承红色家风，贵在落到实处。每一名党员、干部都要以老一辈共产党人为榜样，在现实生活中，划清公与私、情与法的界线，始终保持共产党人的政治清醒、政治定力和政治本色，始终干干净净做事，清清白白做人。

红色家风是我们党弥足珍贵的精神财富。见贤思齐，新时代的共产党人要自觉传承红色家风，在干事创业中注入更多奋发向上的精神力量。

（《人民日报》2021年12月21日第19版）

涵养新时代共产党人的良好家风

李浩燃

家风家教是一个家庭最宝贵的财富,是留给子孙后代最好的遗产。习近平总书记曾指出,"要推动全社会注重家庭家教家风建设,激励子孙后代增强家国情怀,努力成长为对国家、对社会有用之才",强调"党员、干部特别是领导干部要清白做人、勤俭齐家、干净做事、廉洁从政,管好自己和家人,涵养新时代共产党人的良好家风"。

中华民族历来重视家风建设、注重家风传承。孔子庭训"不学礼无以立",诸葛亮诫子"静以修身,俭以养德",朱子家训"恒念物力维艰"……生动的家风箴言,蕴含着丰富的人生智慧与传统美德,早已融入中国人的血脉。欧阳修的《与十二侄》,司马光的《训俭示康》……一封封家书流传至今,成为跨越时空

思想平台

的家训经典。在中华传统文化的语境里,良好家风感召人向上向善,始终激扬着正能量。

重视家风建设,是我们党的优良传统。老一辈无产阶级革命家堪称严家教、正家风的楷模。毛泽东同志曾立下"三原则":恋亲不为亲徇私,念旧不为旧谋利,济亲不为亲撑腰。周恩来同志告诫领导干部要过好思想关、政治关、社会关、亲属关和生活关,并制定了"十条家规"。回溯党史,许多党员干部躬身垂范,留下了为人称颂的家风佳话:焦裕禄教育孩子不能"看白戏",谷文昌告诫家人"不许沾公家的一点油",杨善洲不让家人搭"顺风车"……在不断赶考的峥嵘岁月里,中国共产党人以红色家风为"传家宝",熔铸成弥足珍贵的精神财富。

"欲治其国者,先齐其家"。家风的"家",是家庭的"家",也是国家的"家"。党的十八大以来,以习近平同志为核心的党中央,高度重视家庭家教家风建设,推动社会主义核心价值观在家庭落地生根,形成社会主义家庭文明新风尚,使千千万万个家庭成为国家发展、民族进步、社会和谐的重要基点。实践充分证明,家风纯正,社风才会充满正能量;千千万万家庭有好家风,才能支撑起全社会的好风气。奋进新征程,广大党员、干部带头注重家庭、家教、家风,继续上好家风建设这堂"必修课",保持共产党人的高尚品格和廉洁操守,方能以实际行动带动全社会崇德向善,凝聚昂扬进取的精气神。

涵养良好家风,贵在落细落实。对党员、干部特别是领导干部来说,家风不仅关乎一身之进退、一家之荣辱,而且关系到党风、政风、民风。从严律己、以身作则、率先垂范,保持高尚道德情操和健康生活情趣,本分做人、干净做事,用行动诠释"榜样是看得见的哲理";与此同时,守住亲情关,对亲属子女看得紧一点、管得勤一点,切实管好家人、处好家事。不弃微末、久久为功,把"修身""齐家"两个方面都落到实处,才能做家风建设的表率,成就"积善之家"。

家风纯正,雨润万物;家风蔚然,国风浩荡。不论时代发生多大变化,不论生活格局发生多大变化,我们都要重视家庭建设,注重家庭、注重家教、注重家风。从中华优秀传统文化与红色家风中汲取智慧和力量,厚植家国情怀、涵养良好家风,持续用好的家风培育好的作风,我们必能葆有昂扬向上的精气神,信念坚定、壮志在胸、豪情满怀,意气风发创造美好未来。

《人民日报》(2022年06月12日第04版)

如何传承好家风

思想平台

以好家风涵养团结奋斗精神

朱翠明

团结奋斗是中国人民创造历史伟业的必由之路。在向着第二个百年奋斗目标迈进的新征程上，我们尤其需要大力发扬团结奋斗精神。培育全社会团结奋斗精神，离不开千千万万个家庭共同努力。每个家庭都弘扬优良家风，全社会就能汇集起昂扬向上的精神力量。中国人的家风里凝结着中华优秀传统文化的智慧，优良家风中蕴含的思想文化、道德理念等，可以为新时代涵养全社会团结奋斗精神提供丰富资源。

德泽源流远，家风世泽长。无论时代如何变化，无论经济社会如何发展，对一个社会来说，家庭的生活依托都不可替代，家庭的社会功能都不可替代，家庭的文明作用都不可替代。中华民族历来重视家庭，重视以家风传承育人兴家。家庭美德铭记在中国人的心灵中，融入中国人的血脉里，是支撑中华民族生生不息、薪火相传的重要精神力量。好的家风引人向上、催人奋进，对团结奋斗精神的形成起着"润物细无声"的滋养作用。"勤俭为本，自必丰亨；忠厚传家，乃能长久""有志尚者，遂能磨砺，以就素业"……这些流传下来的家风家训，体现着古人对治家、育人的深刻思考，生动表达了团结奋斗对家庭兴旺的重要作用。奋进新征程，需要传承弘扬团结奋斗的家风，鼓励家庭成员共同奋斗、和谐上进，以千千万万个团结奋斗的家庭为全社会团结奋斗筑牢根基。

好家风能够激发奋斗动力，汇聚团结合力。中国共产党团结带领中国人民进行革命、建设和改革，取得举世瞩目的伟大成就，在波澜壮阔的奋斗历程中孕育形成宝贵的红色家风，成为中华民族优秀家风的重要组成部分。红色家风可以激励人们树立远大的志向，自觉传承革命精神、赓续红色血脉。毛泽东、周恩来、朱德等老一辈革命家都高度重视家风建设，很多革命烈士的遗言中都寄托着对子女顽强奋斗的期望。人民的好干部焦裕禄要求子女"工作上向先进看齐，生活条件跟差的比"，"时代楷模"杜富国的父亲教育孩子"能为国家做事，全家都光荣"。在党的百年历史中，铭刻着许许多多这样感人至深、催人奋进的红色家风故事。要继承并弘扬红色家风，把红色家风熔铸在新时代的家风建设中，引导人们从红色家风中领悟辉煌历史由

如何传承好家风

思想平台

团结奋斗书写、美好未来靠团结奋斗开创的道理,在实现中华民族伟大复兴的新征程上团结一致、不懈奋斗。

传统家风家训中不只有修身齐家的要求,也有对治国平天下的思考。红色家书中不只有对子女个人的希冀,更表达着为党和人民事业拼搏奉献的信念。中华民族历来讲家国同构,家与国密不可分,家是国的细胞和基础,国是家的延伸与倚靠。这也是优良家风能够涵养全社会团结奋斗精神的道理所在。

在爱国爱家、相亲相爱、向上向善、共建共享的社会主义家庭文明新风尚中,爱国爱家的家国情怀是排在第一位的。每个家庭都秉持家国情怀,向着共同目标砥砺奋进,国家发展、民族进步就会拥有源源不断的动力。弘扬爱国主义精神,引导人们把爱家和爱国统一起来,自觉把人生理想、家庭幸福融入实现民族复兴的洪流之中,心往一处想,劲往一处使,千千万万家庭的奋斗就一定能够汇聚成实现国家富强、人民幸福的磅礴之力。

《人民日报》(2022年07月19日第11版)

推动全社会注重家庭家教家风建设

徐保明

家风家教是一个家庭最宝贵的财富,是留给子孙后代最好的遗产。要推动全社会注重家庭家教家风建设,激励子孙后代增强家国情怀,努力成长为对国家、对社会有用之才。近年来,江苏泗阳抓紧抓实家风建设,在实践中把稳廉洁家风建设的正确方向。教育引导党员干部清白做人、勤俭齐家、干净做事、廉洁从政,管好自己和家人,涵养新时代共产党人的良好家风。

涵养良好家风,要让家风教育灵活生动。我们开展同看一本家风书刊、参观一次家风教育基地、诵读一封清廉家书、聆听一堂家风党课、举办一次交流分享、开展一次廉政家访、签订一份家庭助廉承诺书等活动,调动党员干部家属参与的积极

如何传承好家风

思想平台

性,在文化浸润中发挥家庭助廉的作用。深度挖掘红色资源,选取省市级廉洁文化示范点,打造"革命血脉 泗水长流"红色文化旅游专线,用好红色资源这一最鲜活、最珍贵的党史教材。把加强党员干部家风建设作为重要切入口,从源头上正家风、促党风,在廉洁齐家中筑牢防腐拒变的防线。

涵养良好家风,要让家风教育润泽万家。抓紧抓实好家风建设,有助于营造风清气正的良好氛围,让党员干部随处感受廉洁家风的文化气息。泗阳通过宣传栏、文化墙、电子显示屏等载体,立体展示好家风、好家训以及家庭助廉资讯;制作具有特色的廉洁文化标识、好家风警示语和廉政活动场景;打造廉洁文化长廊,形象、直观地展示廉洁文化。自2021年以来,举办50余场家风课堂活动,将受教群体延伸到全县6000余名党员干部及亲属,并开设了小班化、专题性课堂,分层分类为不同岗位的党员干部及亲属量身定制"廉洁套餐"。活化活用教育资源,增强了家风教育的传播力、感染力,也让好家风为家庭幸福生活增添助益。

涵养良好家风,家风教育要久久为功。领导干部的家风,不是个人小事、家庭私事,而是其作风的重要表现。落实好廉政谈话制度,既要及时了解党员干部的心理动态,也要坚决防止配偶、亲属和身边工作人员,利用党员干部的身份谋取私利。落实好廉政家访制度,结合党员干部的具体工作、岗位性质进行有针对性的廉政家访，倾听家属的意见建议，提醒干部家属当好家庭廉洁的"守门员"。落实好监督检查制度，在重要时间节点做好督促检查，构建家风建设考核和保障长效机制。把家风建设摆在重要位置，明大德、守公德、严私德，做廉洁自律、廉洁用权、廉洁齐家的模范，有助于保持好共产党人的高尚品格和廉洁操守，以实际行动带动全社会崇德向善、尊法守法。

"天下之本在国，国之本在家。"新征程上，继续深化家风建设，引导领导干部讲党性、重品行、做表率，带头注重家庭、家教、家风，必定能以千千万万家庭的好家风支撑起全社会的好风气。

《人民日报》（2022年08月08日第05版）

如何传承好家风

思想平台

良好的家教家风使人向上向善

马祖云

近日读一篇散文,有一段描写耐人寻味。在幼儿园绿地旁,稚嫩的孩子指着两株茂盛程度有别的桃树,感到疑惑:"为什么两棵树长得不一样呢?"老师略作思考,以"它们的根须长得不同"进行解答,继而阐释了"树靠根长,根深叶茂"的植物知识。看似简单的故事,蕴含着深刻的育人哲理。

从某种意义上说,家庭培养与孩子成长之间,何尝不是根与叶的关系。家庭教育是教育的开端,关乎未成年人的健康成长和家庭的幸福安宁,也关乎国家发展、民族进步、社会稳定。广大家庭都要重言传、重身教,教知识、育品德,身体力行、耳濡目染,帮助孩子扣好人生的第一粒扣子,迈好人生的第一个台阶。

良好的家教家风使人向上向善

思想平台

回溯历史，中华民族家教文化源远流长。孔子庭训"不学礼，无以立"，诸葛亮诫子"静以修身，俭以养德"，岳母刺字激励精忠报国，朱子家训"恒念物力维艰"……生动的家训故事、深刻的家教箴言，映照着言传身教的优良传统，承载着祖辈对后代的寄望，培厚了孩童的精神沃土。从古至今，期待孩子成长成才，是天下父母的共同心愿。今天的人们更加认同，家庭是人生的第一个课堂，父母是孩子的第一任老师；有什么样的家教，就有什么样的人。

"积善之家，必有余庆"。家风好，就能家道兴盛、和顺美满。纪录片《守望家风》讲述了这样一则故事：宁夏回族自治区中卫市沙坡头区南长滩村的拓氏家族，互帮互助，兴教育才，诗书传家，从20世纪90年代以来，整个家族出了200多名大学生，更有劳动模范、三八红旗手等。在广袤的神州大地上，类似的例子不胜枚举。事实证明，良好的家教、家风使人向上向善，是家业兴旺的重要基石。

"正家而天下定矣"。家庭文明是社会文明高塔的"累土"，千千万万个家庭的家风好，社会风气才有好的基础。事实上，家庭、家教、家风三者有机统一、紧密关联。家庭和睦，社会才能和谐；家教良好，未来才有希望；家风纯正，社风才会充满正能量。"将教天下，必定其家，必正其身。"奋进新征程，秉持家国情怀的赤子之心，踔厉奋发、笃行不息，每个家庭前进

如何传承好家风

思想平台

的脚步，终将汇聚成国家的进步。

始终重视家庭建设，注重家庭、注重家教、注重家风，时时处处给孩子做榜样，用正确行动、正确思想、正确方法教育引导孩子，就能更好助力祖国的花朵向阳生长、绚丽绽放。

《人民日报》（2022年09月02日第04版）

用良好家风涵养青少年道德情操

张　放　甘浩辰

　　家风家教是一个家庭最宝贵的财富，是留给子孙后代最好的遗产。习近平总书记在党的二十大报告中强调："加强家庭家教家风建设，加强和改进未成年人思想道德建设，推动明大德、守公德、严私德，提高人民道德水准和文明素养。"用良好家风涵养青少年道德情操，不仅关乎青少年健康成长，而且关系党和国家事业后继有人。我们要大力加强家庭家教家风建设，发挥其涵养道德、厚植文化、润泽心灵的作用，教育引导广大青少年把爱家和爱国统一起来，把实现个人梦融入国家梦、民族梦之中，努力成长为对国家、对社会有用之才，成为担当民族复兴大任的时代新人。

　　体现时代特征，创新内容形式。加强家庭家教家风建设，既要传承弘扬中国传统优良家风和红色家风，也要顺应时代要

如何传承好家风

思想平台·

求,在家庭中培育和践行社会主义核心价值观,引导青少年热爱党、热爱祖国、热爱人民,增强民族自尊心、自信心和自豪感,明大德、守公德、严私德,矢志追求更有高度、更有境界、更有品位的人生,推动形成爱国爱家、相亲相爱、向上向善、共建共享的社会主义家庭文明新风尚。同时,要把握青少年特点,立足青少年认知习惯,优化教育方法。综合运用案例教育、互动教育等方式,用小故事讲大道理,让身边人讲身边事,引导青少年在深入思考和互动讨论中领会道理、启迪心灵。尊重青少年主体地位,加强体验式、融入式教育,让他们在参加志愿服务和家风主题朗诵、书画、文艺表演等实践活动中增强文化自信、增进家国情怀。创作开发青少年易于接受的网络教育产品,润物细无声地引导青少年把良好家风内化于心、外化于行。

促进家校社协同,打造全方位育人空间。家庭是人生的第一个课堂,父母是孩子的第一任老师。父母要承担起对青少年实施家庭教育的主体责任,以言传身教引导青少年养成良好思想、品行和习惯,帮助他们扣好人生的第一粒扣子,迈好人生的第一个台阶。学校是青少年成长的摇篮,是立德树人的主阵地。可将家庭教育指导服务纳入学校工作计划,如针对不同年龄段青少年的特点,定期组织公益性家庭教育指导服务和实践活动,传授家庭教育理念、知识和方法,促进家校共育。社会是大家庭,也是大学校。要用好新时代文明实践中心和图书馆、博物馆、文化馆等公共文化服务机构，开发家庭教育类公共文化服务产品，设立社区家长学校、非营利性家庭教育服务机构等，组织开展文明家庭创建、普及家庭教育知识等实践活动，为家庭教育提供指导和帮助。

探索长效机制，形成齐抓共管格局。家庭家教家风建设是一项系统工程，需要建立健全长效机制，形成各方面齐抓共管格局，凝聚建设合力。各级党委和政府要充分认识家庭家教家风建设的重要性，完善领导机制，加强统筹谋划，把家庭家教家风建设工作摆上议事日程，制定出台相应政策措施，促进家庭教育与学校教育和社会教育有效衔接、互融互促。构建有关部门协同联动的工作机制，宣传、教育等部门以及工会、共青团、妇联等群团组织应结合自身特点，积极开展相关活动，把新时代家庭家教家风建设融入国民教育和青少年工作全过程。把新时代家庭观的要求体现到法律法规、制度规范和行为准则中，体现到各项经济社会发展和社会管理政策中，彰显公共政策价值导向。完善社会广泛参与的激励机制，加强宣传引导，强化社会协同育人的责任感，广泛动员企事业单位、社会组织、社会工作者、志愿者等社会各界力量参与家庭家教家风建设工作，引导青少年大力弘扬社会公德、职业道德、家庭美德，培养良好个人品德，争当伟大理想的追梦人，争做伟大事业的生力军。

《人民日报》（2022年11月29日第09版）

如何传承好家风

思想平台

领导干部一定要重视家教家风

张长春

习近平总书记在十九届中央纪委六次全会上指出："领导干部特别是高级干部一定要重视家教家风，以身作则管好配偶、子女，本分做人、干净做事。"这一重要指示，为加强新时代家教家风建设作出了明确要求、提供了遵循。我们要认真学习领会，将其切实体现到家庭和工作生活中去，融入到党性和品德修养中去，落实到遵规守纪的自觉行动中去。

马克思主义认为，人的本质不是单个人所固有的抽象物，在其现实性上，它是一切社会关系的总和。因此，对于家教家风，必须放在社会整体视角下考察，其不单单是家庭的事，是个人的事，而是每个人应当为社会、为国家、为民族承担的责任和义务。这是马克思主义家庭观的基本要求。

领导干部一定要重视家教家风

思想平台

在中华民族优秀传统文化中，对良好家教家风倍加推崇。孟母三迁，择邻而处，为的是寻求良好的家教环境；岳母刺字，为的是励子从戎，精忠报国；诸葛亮在《诫子书》中倡导"静以修身，俭以养德"，成为人们严家教、正家风的座右铭；等等。中华民族的家教家风文化源远流长，积淀了十分丰富的内涵：担当的家国情怀，清廉的为政之德，忠孝的伦理道义，慈爱的仁德之心，信义的处世准则，勤耕的治家之要，礼让的邻里关系……时至今日，这些内容仍然闪耀着思想文化光芒。

古往今来，许多能成就事业者，与良好家教家风密不可分。唐朝节度使钱镠，衣锦还乡时前呼后拥，十分得意，然而他父亲躲起来不见他，让钱镠十分不解。后来，他找到父亲，再三追问，父亲说，我们世世代代都是农民，如今你这样显贵，周围的人必然心生嫉妒，盼着你栽跟头，这样会祸及家族，所以我不敢见你。钱镠听了如梦初醒，从此低调做人、小心做事。实践证明，良好的家教家风、通达事理的家人亲属，本身就是成才立业的后盾、扶正祛邪的屏障。

中国共产党人继承了中华民族重视家教家风的传统美德，形成了以严以修身、严以用权、严以律己、严格要求亲属子女等为主要内容的红色家风。毛泽东同志在严家教、正家风上为全党同志作出了表率，律己严，恋亲，但不为亲徇私；念旧，但不为旧谋利；济亲，但不以公济私。周恩来同志在树立良好家风

如何传承好家风

思想平台

上也是有口皆碑，反复告诫亲属完全做一个普通人，所定的"十条家规"就像一面镜子，映照出共产党人的高风亮节，堪称严家教、正家风的生动教材。还有许许多多的党员干部，在家教家风上留下了为人称颂的佳话：焦裕禄教育孩子不能看"白戏"，杨善洲不让家人搭"顺风车"等，为我们树立了良好家教家风的榜样，也为共产党人的形象争了光、添了彩。

但在现实中，少数党员干部特别是个别领导干部家教不严、家风不正的现象依然存在。有的搞"一人得道、鸡犬升天"，运用手中权力为家人亲属谋取私利；有的对配偶子女失教失管，放任放纵，让他们打着自己的旗号、运用自己的影响力干了损公肥私、违法乱纪的事；有的甚至与家人同贪同腐，导致"全家腐"，走上人生不归路；等等。这警示我们：家风好，就能家道兴盛、和顺美满；家风差，难免殃及子孙、贻害社会。正所谓："积善之家必有余庆，积不善之家必有余殃。"

家教家风关乎一个人的安身立命，关乎一个政党的党风政风，关乎一个社会的世风民风，必须作为党员干部特别是领导干部的终身课题常讲常修。树立正确的家庭观，认真学习领会习近平总书记关于家教家风建设的一系列重要论述，从中领悟严家教、正家风的根本要求，以崇高的责任担当立家，用优秀的传统美德持家，用党员干部的标准要求治家。树立正确的权力观，真正认识到领导干部手中的权力是为人民服务的，而不是为个人为家庭谋取私利的工具，要按照党章党规党纪的要求，按照领导干部廉洁自律的准则，划清用权的界线、拉起办事的红线、守住为官的底线。树立正确的亲情观，弄清楚怎样才算对家人、子女的真爱，弄清楚为官一任给家人、子女留什么，让后代从自己身上学什么。

领导干部在家教家风上出问题，大多是"留什么"的问题没有解决好。给子女留下良好的家风，留下持家的美德，留下创业的本领，才是胜过金山银山的宝贵财富。

《解放军报》（2022年03月28日第07版）

传承优良家风　涵养廉洁文化

钱均鹏　张　奇

优良家风中蕴含着廉以养德、廉洁修身、廉洁齐家等价值观念，对强化个人廉洁意识、塑造廉洁品行发挥着重要作用。加强新时代廉洁文化建设，应当注重优良家风的培育和塑造，把家风建设作为厚植廉洁文化的有力抓手。

吸收传统家风的廉洁思想。家庭是社会的基本细胞，是人生的第一所学校。家风对人的道德养成和人格形成具有深远持久的影响，是塑造人的精神追求的起点。中华优秀传统文化中的尊老爱幼、妻贤夫安，母慈子孝、兄友弟恭，耕读传家、勤俭持家等传统家风，含有丰富的廉洁元素，不仅影响着家庭成员对廉洁之行的最初心理和情感认同，而且为今后的价值追求和行为选择刻下深深烙印。以好家风涵养廉洁文化，要坚持推陈出新，主动对接时代主题、适应社会生活方式，从内容和形式上将传统家风中的廉洁理念和智慧，有机地融入现代家庭生活中，最大限度地激活传统家风中廉洁元素的活力，增强传统家风的影响力、感召力、渗透力，实现以文化人。

将社会主义核心价值观的廉洁理念内化为家庭成员的一贯坚守，为涵养廉洁文化增色添彩。好家风是社会主义核心价值观在家庭生活中的具体体现，在社会价值多元、思想意识多样的网络信息时代，每个公民、每个家庭都应在好家风的熏陶中自觉践行社会主义核心价值观，潜移默化地将践行社会主义核心价值观融入家庭生活中，在塑造和调整追求正确价值取向的同时，将社会主义核心价值观蕴含的廉洁理念内化为情感上的默契和行为上的坚守，并通过自身社会实践活动升华为社会公德、职业道德和个人美德，让廉洁从业、廉洁从政的价值追求深入人心，形成以家庭和社会的双向发力共育廉洁家风、浸润廉洁文化的生动局面。

注重红色家风的时代传承。红色家风，凝聚着无数共产党人秉公用权、廉洁为民的经验和智慧，彰显着严于律己修身、节俭持家的清廉本色。例如，毛泽东同志要求子女"吃苦、求知、进步、向上"，朱德同志定下"立德树人、勤俭持家"的家规，刘少奇同志立下"慈严相济、自立自强、公正为民、忠诚担当、清廉刚正、以身作则"的家训，周恩来同志制订十条家规，均

思想平台●

彰显了正气清廉之风。焦裕禄、孔繁森、郑培民、杨善洲、龚全珍等新时期优秀共产党人，不仅自己大公无私，对待和教育子女上更是严格，要求子女们干干净净、清清白白做人，不搞特权特例。红色家风是厚植廉洁文化的底色，传承红色家风所蕴含的廉洁情感、廉洁思想和廉洁操守有助于廉洁文化的培育。红色家风的时代传承是一个适应时代主题要求不断熏陶、浸染的实践过程，要结合深化拓展党史学习教育，采取多种形式和新媒体手段，讲好红色家风中的廉洁故事，实施有效的社会倡导和教育；借助新时代"最美家庭"评选等激励措施，突出家庭在传承红色家风中的"孵化"作用，在家庭的熏陶和浸染中促进廉洁品行的养成传续。要鼓励党员干部在社会价值倡导与家庭家风承接承续中发挥桥梁纽带和示范导向作用，让社会价值倡导与家庭红色家风传承有效对接起来，形成上呼下应、上行下效的正向传扬效应，实现红色家风历久弥新，廉洁文化润物无声。

领导干部要以身作则、率先垂范。家风关系党风政风，党风政风影响塑造家风。领导干部作为社会风尚和主流价值观的倡导者、引领者、示范者，其家风对于一个部门、单位政治生态和廉洁文化的构建传承具有很强的示范引领作用。领导干部要以身作则，严格要求自己，正确用权、谨慎用权、干净用权，要像珍惜生命一样珍惜名节和操守，做到干干净净做事、坦坦荡荡为官，永葆清廉本色。要坚持言传身教，从严治家，倡导清正俭朴的家庭美德，严格要求亲属子女知廉承廉，让廉洁之风充盈家庭、浸润家风，营造廉荣贪耻、风清气正的浓厚氛围。

《中国纪检监察报》（2022年06月09日第08版）

如何传承好家风

思想平台

以廉洁家风 涵养时代新风

曹 原

《礼记》云:"所谓治国必先齐其家者,其家不可教而能教人者,无之。"家风是一个家庭的精神内核,也是一个社会的价值缩影。《关于加强新时代廉洁文化建设的意见》指出,要培养廉洁自律道德操守,引导领导干部明大德、守公德、严私德,把廉洁要求贯穿日常教育管理监督之中,把家风建设作为领导干部作风建设重要内容。领导干部家风,是党风廉政建设的"晴雨表",也是社会风气的"瞭望塔"。家风正则党风正,家风纯则政风纯,家风好则社风好。重视家风建设不仅是中华民族的传统美德,也是中国共产党的优良作风。廉洁家风始终是赓续红色血脉、涵养时代新风的精神土壤。

廉洁家风绘就清白人生底色。蔡元培在《中国人的修养》

以廉洁家风　涵养时代新风

思想平台

中写道："家庭者,人生最初之学校也。"家庭是社会的基本细胞,是个人成长的第一环境,是最能塑造人的精神长相的地方。少成若天性,习惯如自然。人之初皆为一张白纸,是家风绘就了人生第一抹底色。家风教育不同于其他教育之处就在于,它是靠亲情的力量来拨动心弦、启迪心智,扣的是人生第一粒纽扣,孕育的是润物细无声、"日用而不觉"的价值观。廉洁家风在为人生确定基本方向、绘就清白底色方面具有重要作用。林则徐曾说:"子孙若如我,留钱做什么?贤而多财,则损其志;子孙不如我,留钱做什么?愚而多财,益增其过。"领导干部要坚持以"国计已推肝胆许,家财不为子孙谋"的格局厘清权力与欲望的边界,以"不要人夸颜色好,只留清气满乾坤"的决心廉洁修身、廉洁齐家,真正做到树好家风、管好家人、处好家事、建好家庭,用清廉绘就人生底色,将清廉作为对家人最好的馈赠。

廉洁家风激荡清明党风政风。子帅以正,孰敢不正?领导干部作为党风之旗帜、政风之表率,要带头树立廉洁家风,在浩然家风中涵养凛然作风,带动形成家风纯正、政风清明的良好局面。新中国成立初期,毛泽东同志给自己定下三条原则:"恋亲不为亲徇私,念旧不为旧谋利,济亲不为亲撑腰",为全党同志正确处理公权和亲情关系作出了榜样。对领导干部来说,廉洁家风是清明党风政风的营养剂,家风正则党风正、政风淳;腐

如何传承好家风

思想平台

坏家风是党风政风的催化剂,家风不正则很容易导致为官不正、世风受损。领导干部关心家人、帮助亲人是人之常情,但绝不能让亲情凌驾于纪律和原则之上,更不能搞"一人得道,鸡犬升天"那一套。从近年来查处的腐败案件中可以看出,一些腐败案件呈现出"贪腐亲兄弟,寻租父子兵"等家族式特征,家风败坏往往是领导干部走向严重违纪违法的重要原因。党员干部要时刻警惕腐败之祸"不在颛臾,而在萧墙之内",时刻牢记"一人不廉,全家不圆",过好亲情关、警惕枕边风、杜绝拉下水,带头垂范,躬身践行,永葆共产党员的政治本色,带头做政治上的明白人、行为上的老实人、作风上的干净人。

廉洁家风引领清朗时代新风。"积善之家必有余庆",从古至今,廉洁家风始终在潜移默化中影响着一代代中国人的价值观,激荡引领着时代新风尚,凝聚起强大的正能量。《左传·襄公十五年》中记载,春秋时宋国的大臣子罕"以不贪为宝",清白为官的美名世代相传。福建东山县委原书记谷文昌尽管已去世40多年,但谷家"两袖清风来去"的家风仍在传颂,当地干部群众每年自发"先祭谷公、后祭祖宗"。如此家风,不仅山高水长、光照后人,也让共产党人的精神家园更加丰沛,让廉洁家风的时代内涵更加丰富。在守护廉洁家风中守护中华民族优良传统的浩荡清流,筑牢底线意识和公廉精神;在传承廉洁家风中传承中国共产党人矢志不渝的精神薪火,砥砺道德追求和理想抱负；在弘扬廉洁家风中弘扬尚廉清朗、正道直行的社会风尚，知晓责重山岳、公而忘私的大义，这正是廉洁家风传承中所蕴藏的时代课题。

《中国纪检监察报》（2022年09月15日第08版）

如何传承好家风

思想平台·

严格正家风　管好身边人

桑林峰

党的二十大报告强调，全面加强党的纪律建设，督促领导干部特别是高级干部严于律己、严负其责、严管所辖；严肃查处领导干部配偶、子女及其配偶等亲属和身边工作人员利用影响力谋私贪腐问题。各地纪检监察机关紧盯"关键少数"，督促领导干部切实把自己摆进去，带头严格家教家风，廉洁自律、以身作则，管好身边人。

古人讲，"所谓治国必先齐其家者，其家不可教而能教人者，无之"。人们常说，公生明，廉生威。领导干部如果家教缺失、家风不正，连身边人都管不好，甚至后院起火，个人底气不足、威信受损，难免影响抓工作、带队伍。只有纯正家教家风，管住"数口之家"，管好身边人，才能带好"千军万马"，担好千

严格正家风 管好身边人

思想平台

钧重担，不负重托、不辱使命。

群众看党员，党员看干部。家风建设是党员和领导干部作风建设的重要内容，党员干部的家风连着党风、政风、社风、民风。有了严格的家风，不仅能提醒、督促自身加强道德修养、锻造严实作风，还能引导身边人强化道德约束。事实证明，党员领导干部家风好，往往家庭和美；相反，家风不正、私德不修，难免累及家人，殃及子孙，贻害社会，正所谓"积善之家，必有余庆；积不善之家，必有余殃"。

"将教天下，必定其家，必正其身。"领导干部的家风，不是个人小事、家庭私事，而是领导干部作风的重要表现。群众看领导干部，往往要看领导干部亲属和身边工作人员，往往从这里来判断领导干部是否廉洁奉公，进而从中观察党风廉政建设的成效。剖析那些"一人贪腐，全家落马""一人不廉，全家不圆"的案例，一个重要原因就在于领导干部不注重家教家风，用权不公、以权谋私，对身边人起了不好的示范作用。有的领导干部不仅在前台大搞权钱交易，还纵容家属在幕后利用自己的影响收钱敛财。有的将自己从政多年积累的"人脉"和"面子"用在为子女非法牟利上，其危害不可低估。

从红色家风中汲取养分，涵养良好家风。焦裕禄当年教育女儿，"不能因为是县委书记的女儿就高人一等，你应该到艰苦的地方去锻炼"；谷文昌坚持"当领导的要先把自己的手洗净，

如何传承好家风

思想平台

把自己的腰杆挺直",给子女留下两袖清风和浩然正气;杨善洲坚持权为民所用,他说"我手中是有权力,但它是党和人民的,只能老老实实用来办公事",给家人留下一心为公的品格……这样的红色家风,儿孙为之自豪,百姓为之钦佩。领导干部应见贤思齐,切实把家风建设摆在重要位置,努力做家风建设的表率,做到清白做人、勤俭齐家,干净做事、廉洁从政,把廉洁修身、廉洁齐家落到实处,真正管好自己和家人。

过好亲情关特别是亲属子女关,守住家中的"廉洁门"。人非草木,孰能无情?共产党人并非不食人间烟火,但讲亲情不能违背公平,爱家人不能丧失正义。如何过好亲情关?贵在坚持爱亲不溺亲、报亲不纵亲,自觉划清公与私、情与法的界限,既体现人情味,又坚持按原则办。领导干部应当牢记"亲情再深也有度",信奉"严是爱、宽是害",对亲属子女看得紧一点、管得勤一点,做到教之以至理、严之以规矩、导之以正道,坚决做到不越底线。

加强家风建设是党员领导干部的终身课题。每一位党员领导干部都应做到坚持原则、敢于较真,把家风建设落细落小、抓常抓长。要坚持"吾日三省吾身",不被"人情风"吹晕、"枕边风"吹软、"膝下风"吹倒,做到公心不丢、原则不失,持之以恒涵养好家风、润泽好作风,成为身边人的标杆和榜样。

《中国纪检监察报》(2022 年 11 月 11 日第 02 版)

家风关系到党风政风民风

何忠国

党的十八大以来，习近平总书记站在培养担当民族复兴大任时代新人、确保党和国家事业后继有人的高度，提出了一系列关于注重家庭家教家风建设的重要论述。6月8日，习近平总书记在四川眉山考察三苏祠时强调，要推动全社会注重家庭家教家风建设，激励子孙后代增强家国情怀，努力成长为对国家、对社会有用之才。家风关系到党风政风民风，党员、干部特别是领导干部要清白做人、勤俭齐家、干净做事、廉洁从政，管好自己和家人，涵养新时代共产党人的良好家风。

家风是一个家庭在长期延续过程中形成并世代相传、代代遵循的价值准则。中华民族历来重视家庭家教家风，古人云："天下之本在国，国之本在家，家之本在身。"对于领导干部而言，

如何传承好家风

思想平台

家风不是个人小事、家庭私事，而是关系到党风政风民风的大事。家风建设是新时代领导干部作风建设的重要内容，领导干部要带头注重家庭家教家风，在家风建设中明大德、守公德、严私德，真正做到以德治家、以俭持家、以廉养家，以良好家风促进党风政风、引领社风民风。

以德治家，涵养天下为公的家国情怀。家庭是社会的细胞，家庭和睦则社会安定，家庭幸福则社会祥和，家庭文明则社会进步。历史和现实启示我们，家庭的前途命运同国家和民族的前途命运紧密相连。千家万户都好，国家才能好，民族才能好。国家富强、民族复兴、人民幸福，不是抽象的，最终要体现在千千万万个家庭幸福美满上，体现在亿万人民生活不断改善上。"欲治其国者，先齐其家"，领导干部要自觉树立家国情怀，重言传、重身教，积极传播中华民族传统美德，引导家庭成员特别是下一代热爱党、热爱祖国、热爱人民、热爱中华民族，在为家庭谋幸福、为他人送温暖、为社会作贡献的过程中提高精神境界、培育文明风尚，使每个家庭成为国家发展、民族进步、社会和谐的重要基点，成为梦想启航的地方。

以俭持家，弘扬艰苦朴素的家庭美德。勤俭节约不仅是一个人的行为习惯，而且是一个民族的优良传统。我国自古就留下了"历览前贤国与家，成由勤俭破由奢"的历史警思，在中华民族五千年的文明史中，勤俭节约始终是我们的持家之宝、

家风关系到党风政风民风

思想平台

兴业之基、治国之道。"俭，德之共也；侈，恶之大也。"勤俭持家是最基本的家庭美德，领导干部一旦放弃了艰苦奋斗、勤俭节约的优良传统，沾染上享乐主义和奢靡之风，就必然会脱离群众，最终走向腐化堕落。"克勤于邦，克俭于家"，领导干部要发扬艰苦奋斗、勤俭节约的作风，以身作则、率先垂范，既在党和国家事业上勤勉有为，又在家庭生活上节俭有度，展现新时代共产党人的勤俭本色、朴素之美。

以廉养家，树立克己奉公的清正家风。"严是爱，宽是害"，领导干部严格要求家人，既是对家庭的负责，更是对家人的爱护。有的领导干部落马，跟家教不严、家风不正，对配偶、子女等亲属失管失教有直接关系。领导干部贪腐的背后，常常存在"贪内助""衙内腐"甚至"全家腐"等问题。"公生明，廉生威"，领导干部要把"廉"字摆在家风建设的重要位置，廉洁修身、廉洁齐家，管好家属子女和身边工作人员，坚决反对特权现象，树立好的家风家规；把"公"字放在家风建设的重要位置，公私分明、克己奉公，划清用权的界限、拉起办事的红线、守住为官的底线，不以公权为家庭谋取私利，切实把人民赋予的权力用来造福于人民。

"参天之木，必有其根；怀山之水，必有其源。"家风家教是一个家庭最宝贵的财富，是留给子孙后代最好的遗产。不论时代发生多大变化，不论生活格局发生多大变化，领导干部都要

如何传承好家风

> **思想平台** 把家风建设摆在重要位置,始终保持共产党人的高尚品格和廉洁操守,涵养新时代共产党人的良好家风,引领家庭文明新风尚,为全社会作出表率。

《学习时报》(2022 年 06 月 17 日第 01 版)

理论茶座

如何传承好家风

大力弘扬艰苦奋斗、勤俭节约精神

姜泽洵

习近平总书记高度重视粮食安全，提倡"厉行节约、反对浪费"的社会风尚，党的十八大以来多次就厉行节约、反对浪费作出重要指示，强调要制止餐饮浪费行为，要求"倡导简约适度、绿色低碳的生活方式"。全社会积极响应，把厉行节约、反对浪费落实到行动上。《中共中央办公厅关于巩固拓展学习贯彻习近平新时代中国特色社会主义思想主题教育成果的意见》提出："督促广大党员、干部发扬艰苦奋斗、勤俭节约的优良作风，自觉养成过紧日子的习惯。"艰苦奋斗、勤俭节约是中华民族的优良传统，也是我们党的传家宝。新征程上，全党全国各族人民要坚持以习近平新时代中国特色社会主义思想为指导，大力弘扬艰苦奋斗、勤俭节约精神，以中国式现代化全面推进强国建设、民族复兴伟业。

艰苦奋斗、勤俭节约的思想永远不能丢

习近平总书记指出："不论我们国家发展到什么水平，不论人民生活改善到什么地步，艰苦奋斗、勤俭节约的思想永远不能丢。"弘扬艰苦奋斗、勤俭节约精神，是对中华优秀传统文化的自觉传承和历史发展规律的深入把握，是对党长期奋斗历程的深刻总结，也是对党和国家长治久安的深刻忧思。

对历史经验的深刻借鉴。中华优秀传统文化讲求"静以修身，俭以养德"，告诫人们"由俭入奢易，由奢入俭难"，强调"一粥一饭，当思来处不易"，倡导勤俭节约，不贪图安逸享受，在勤俭节约中培育不怕困难、勇于吃苦、抵御诱惑的坚强意志。艰苦奋斗、勤俭节约也是我们党的政治本色和优良传统，是我们党一路走来、发展壮大的重要保证，是共产党人党性修养和人格魅力的生动体现。革命战争时期，我们党坚持厉行节约，号召"节省每一个铜板为着战争和革命事业"。在西柏坡，我们党对可能侵蚀自身肌体的各种腐化思想保持高度警惕，提出"两个务必"。新中国成立初期，毛泽东同志号召"全国一切革命工作人员永远保持过去十余年间在延安和陕甘宁边区的工作人员中所具有的艰苦奋斗的作风"。进入新时代，习近平总书记高度重视发扬艰苦奋斗、勤俭节约精神，发表一系列重要论述，强调"能不能坚守艰苦奋斗精神，是关系党和人民事业兴衰成败的大事""不管条件如何变化，自力更生、艰苦奋斗的志气不能丢"，等等。正是依靠艰苦奋斗，我们党带领人民发挥聪明才智、挥洒辛勤汗水、付出巨大牺牲，取得伟大成就，铸就了今日中国的蓬勃生机。

赢得发展主动权的现实需要。虽然我国已经成为世界第二大经济体，各方面实力大大增强，人民生活条件大大改善，但我们决不能丢掉艰苦奋斗、勤俭节约精神。当前，世界百年未有之大变局加速演进，世界之变、时代之变、历史之变正以前所未有的方式展开，中华民族伟大复兴进入关键时期。在实现伟大梦想的征途中，我们要深刻认识到，我国发展起来了，但我们面对的矛盾和风险不是少了，而是增多了；改革发展需要解决的问题不是简单了，而是更为艰巨复杂了。越是发展，越要奋斗。过去的辉煌成就是靠艰苦奋斗取得的，更加美好的明天仍要靠发扬艰苦奋斗精神来创造。肩负推进中国式现代化的光荣使命，面对前进道路上的风险挑战，我们要主动接过艰苦奋斗的接力棒，弘扬艰苦奋斗、勤俭节约的优良作风。

提高全社会文明程度的必然要求。人无精神则不立，国无精神则不强。新时代，在以习近平同志为核心的党中央坚强领导下，我国经济发展取得举世瞩目的成就。经济实力实现历史性跃升，人民生活水平明显提升，居民人均可支配收入从2012年的1.65万元提高到2023年的3.9万元以上。国家强盛、民族复兴需要物质文明的积累，也需要精神文明的升华。勤俭节约、杜绝浪费是社会风气良好的重要表现，而奢侈浮夸则是社会风气败坏的征兆。当前，节约光荣、浪费可耻成为越来越多人的共识，节约理念在越来越多领域得到践行，文明风尚浸润人心、健康生活方式融入日常，全社会文明程度不断提高。新时代新征程，我们要大力弘扬艰苦奋斗、勤俭节约精神，提高全社会文明程度，让全体人民拥有团结奋斗的思想基础、开拓进取的主动精神、健康向上的价值追求，推动中国式现代化建设披荆斩棘、一往无前。

增强问题意识，抓住关键环节

党的十八大以来，各地区各部门贯彻落实习近平总书记重要指示精神，采取一系列措施，大力整治浪费之风，"舌尖上的浪费"现象有所改观，特别是群众反映强烈的公款餐饮浪费行为得到有效遏制。2021年4月29日，十三届全国人大常委会第二十八次会议通过《中华人民共和国反食品浪费法》；同年10月18日，中共中央办公厅、国务院办公厅印发《粮食节约行动方案》。这些法律和政策文件共同构成了我国节约粮食工作的基础制度框架。同时要看到，从日常餐饮到社会生活各领域，一些地方和环节的浪费现象仍不同程度存在。

主观上，一些人还没有充分认识到节约的重要性。从消费群体来看，存在浪费现象的原因有的是攀比心理和虚荣心作祟，以奢为荣、追求享乐，讲排场、好面子。比如，认为点餐宁多勿少、饭菜有剩余是热情的表现；宴请大操大办，讲排场、比阔气；剩菜剩饭不好意思打包带走；等等。有的是缺乏社会责任感，认为节俭与否纯属个人行为，自身经济状况允许就可以不考虑节约，没有认识到浪费的危害性。有的青少年没有经历过物质匮乏时期，对勤俭节约的重要性难以有切身感受。从供给方来看，有的餐饮企业为了经济效益，觉得顾客点得越多越好，没有提醒顾客按需适量点餐。此外，在一些公共场所耗费公共资源时，一些人缺乏节约观念。例如，有的大型建筑内过度使用空调或加热系统，导致能源浪费。

客观上，厉行节约的技术和制度等还不完备。粮食在采收、储运、加工、销售、消费等环节存在"跑冒滴漏"现象。例如，由于过度加工较为严重，水稻在加工环节损耗较多。《中国农业产业发展报告2023》显示，到2035年，若我国粮食收获、储藏、加工和消费环节损失率分别减少1至3个百分点，可降低三大主粮损失约1100亿斤。从这个意义上讲，节约就是增产，是增加粮食有效供给的一块"无形良田"，也是提高粮食安全保障水平的重要内容。同时，在厉行节约的制度执行上还有待强化。例如，反食品浪费法明确了餐饮服务经营者的责任，如"引导消费者按需适量点餐""可以对造成明显浪费的消费者收取处理厨余垃圾的相应费用"等，并针对违反法律规定的不同情形明确了处理标准，但在实际执行中还没有完全落实，导致震慑和警示作用不明显。

坚持久久为功，使厉行节约、反对浪费在全社会蔚然成风

习近平总书记指出："浪费之风务必狠刹！要加大宣传引导力度，大力弘扬中华民族勤俭节约的优秀传统，大力宣传节约光荣、浪费可耻的思想观念，努力使厉行节约、反对浪费在全社会蔚然成风。"生活越来越好，但节俭的好习惯不能丢。全社会要共同行动起来，倡导俭朴、力戒奢靡，长期坚持、久久为功，让艰苦奋斗、勤俭节约精神付诸实践、见于行动。

发挥党员干部的模范带头作用，以党风带动社会风气持续好转。毛泽东同志曾指出："应该使一切政府工作人员明白，贪污和浪费是极大的犯罪。"党的十八大以来，以习近平同志为核心的党中央坚持

大力弘扬艰苦奋斗、勤俭节约精神

以上率下,推动全党认真落实中央八项规定及其实施细则精神,持之以恒正风肃纪反腐,以钉钉子精神纠治"四风",推动党风、政风、社会风气发生根本性变化。朴素节俭、清朗清廉之风弥足珍贵,必须保持下去、发扬光大。对于广大党员干部来说,要继承和弘扬老一辈革命家的优良传统,带头艰苦奋斗、勤俭节约,争做勤俭节约的标杆,以自己的身体力行、率先垂范,促进勤俭节约在全社会蔚然成风。

加强多方共治,形成厉行节约、反对浪费的合力。从宏观视角看,解决粮食浪费问题是一个系统工程,离不开一系列制度和法规的完善,离不开科技投入和基础设施建设,更离不开人们观念和意识的转变。要建立健全反食品浪费监督检查机制,以刚性的制度约束、严格的制度执行,坚决制止餐饮浪费行为,切实遏制消费中的各种不良现象。加大对科学种粮、储粮、运输、加工的技术支持和资金投入,制定节粮减损的针对性举措,既要加强生产源头管控,也要做好储运环节减损,更要提升加工利用水平、遏制餐饮浪费,综合施策、配套衔接,做到"产储运加消"全链条减损。餐饮服务企业要发挥示范引领作用,从优化餐品供给结构、优化餐品信息展示、强化全流程消费提醒等方面,提示消费者按需点餐、理性消费,推动建立防范食品浪费的长效机制,让勤俭节约的生活方式和消费模式成为更多人的选择。

强化宣传引导,营造崇尚节俭的社会氛围。一方面,将正面宣传和反面警示相结合,引导人们强化价值观建设和消费观养成,形成简约适度、绿色低碳的家庭生活方式。做好宣传引导,让更多人

如何传承好家风

深化对粮情的认识，进一步增强爱粮节粮意识。可以结合世界粮食日、全国爱粮节粮宣传周等时点，组织开展爱粮节粮先进单位和示范家庭创建活动，对肆意浪费粮食的人和事进行批评教育。另一方面，创新宣传教育的内容和形式，增强感染力。比如，学校以开展劳动教育为契机，组织学生体验农事活动，让他们切身感受粮食来之不易，培养节俭意识和节约习惯。发挥家长在生活中的示范作用，通过言传身教培养孩子勤俭节约良好美德，让节约成为一种习惯、责任和修养。

《人民日报》（2024年03月21日第09版）

弘扬优良家风　营造见贤思齐的社会氛围

刘　琳

《新时代公民道德建设纲要》(以下简称《纲要》)提出，要用良好家教家风涵育道德品行，这是新时代公民道德建设实践中深化道德教育引导的重要方面。习近平总书记高度重视家风建设，以中华优秀传统家风文化为营养源泉，立足马克思主义家庭观和中国共产党人的红色家风，围绕家风建设作出了一系列重要论述，为新时代公民道德建设提供了遵循。

一

党的十八大以来，习近平总书记多次强调家风建设的重要性，2014年在河南兰考调研时会见并称赞焦裕禄的子女们继承了好家风，2016年12月在会见第一届全国文明家庭代表时强调，广大家庭都要弘扬优良家风，以千千万万家庭的好家风支撑起全社会的好风气。家庭是社会的细胞，是公民道德养成的起点，好家风支撑的社会必然是公民道德弘扬的社会。由家庭这个私德领域到反映社会风气的公德领域，优秀家风的传承，特别是先进模范人物的优秀家风，起到了榜样和表率作用。

公民道德是每一个国家公民，都必须遵守和履行的道德规范的总和。从宏观层面来说，要求社会成员必须履行公民道德规范是维护良好公共秩序的基本保障，实施的手段主要是通过道德教育，发挥道德的说服力和感化作用，使得履行道德规范的意识内化为公民的自觉意识。从微观层面来说，作为公民对自己的国家负有责任，其中包括在道德上身体力行，遵纪守法，履行道德责任并享受相应的道德权利。这种公德的养成虽然有着国家道德教育体系内的硬举措，但是仍然需要社会成员自觉达成家庭教育和国民教育的一致性，个人的德，也是国家、社会的德，个体家庭作为私德存在的主要场所，所形成的好家风能够为公民道德养成创设良好家庭环境，成为公民道德养成的社会细胞。

二

习近平总书记指出"不论时代发生多大变化，不论生活格局发生多大变化，我们都要重视家庭建设，注重家庭、注重家教、注重家风，紧密结合培育和弘扬社会主义核心价值观，发扬光大中华传统家庭美德"，强调"使千千万万个家庭成为国家发展、民族进步、社会和谐的重要基点"。在中国传统文化体系中，家风家训文化是中华民族传统价值观的重要组成部分。《颜氏家训》《朱子家训》等家

弘扬优良家风　营造见贤思齐的社会氛围

训中的优秀道德规范已经广为流传。这些优秀家风浓缩了中华民族的美德，是社会风气的稳定器。

现代社会最基本的有机构成仍然是千万个家庭，诸多现代社会公共道德理念，如忠诚、责任、亲情、公益等需要在家庭中涵育，家庭成员之间的相互影响，为公民美德培育厚植情感基础。中国家庭传统注重言传身教，重视感恩、孝敬、尊老爱幼等良好道德品行的传承，由此形成的优良家风构成了社会风气的底色，其中相辅相成的密切关系，为公民道德建设提供了支撑。我国传统家风家训文化中的家庭美德，是新时代公民道德建设的宝贵思想资源。

弘扬优良家风，以千千万万家庭的好家风支撑起全社会的好风气，还须更好地传承红色家风。习近平总书记强调："在培育良好家风方面，老一辈革命家为我们作出了榜样。"我们需要全面把握老一辈共产党人在家风建设中铸就的"红色"之魂，继承和弘扬革命前辈的红色家风，向焦裕禄、谷文昌、杨善洲等学习，做家风建设的表率，把修身、齐家落到实处，使自己始终成为红色家风的优秀传承者和模范建设者。

三

社会主义道德体系是群众性与先进性的统一。加强新时代公民道德建设，首先要求党政领导干部切实以身作则践行公民道德，树立道德示范的榜样。领导干部的家风，不是个人小事、家庭私事，而是领导干部作风的重要表现。习近平总书记在十八届中央纪律检查委员会第六次全体会议上强调："我们着眼于以优良党风带动民风社风,发挥优秀党员、干部、道德模范的作用,把家风建设作为领导干部作风建设重要内容,弘扬真善美、抑制假恶丑,营造崇德向善、见贤思齐的社会氛围,推动社会风气明显好转。"领导干部要努力成为全社会的道德楷模,带头践行社会主义核心价值观,讲党性、重品行、作表率,带头注重家庭、家教、家风,保持共产党人的高尚品格和廉洁操守,以实际行动带动全社会崇德向善、尊法守法。

《纲要》提出,公民道德建设要"抓好重点群体的教育引导""党员干部的道德操守直接影响着全社会道德风尚"。习近平总书记参加十三届全国人大一次会议重庆代表团审议时强调:"领导干部要讲政德,政德是整个社会道德建设的风向标。立政德,就要明大德、守公德、严私德","要把家风建设摆在重要位置,廉洁修身,廉洁齐家"。因此,高度重视优良家风在廉政建设中起到的重要作用,使党政领导干部更好地带领广大人民群众履行公民道德的要求,是新时代公民道德建设的重点领域。

新时代公民道德建设是融合传统与现代的社会系统工程,深刻理解习近平总书记关于家风建设的重要论述,充分利用我国历史悠久的优秀家风文化资源,是推进新时代公民道德建设的根本之道。

《光明日报》(2020年08月10日第15版)

推动新时代家庭家教家风建设高质量发展

冯颜利

中宣部、中央文明办、中央纪委机关、中组部、国家监委、教育部、全国妇联印发的《关于进一步加强家庭家教家风建设的实施意见》强调，家庭家教家风建设要以培育和践行社会主义核心价值观为根本，以建设文明家庭、实施科学家教、传承优良家风为重点，强化党员和领导干部家风建设，突出少年儿童品德教育关键。我们要认真学习领会，抓好贯彻落实。

以社会主义核心价值观引领家庭家教家风建设

社会主义核心价值观传承着中国优秀传统文化的基因，寄托着近代以来中国人民上下求索、历经千辛万苦确立的理想和信念，也承载着我们每个人的美好愿景。它将富强、民主、文明、和谐的国家价值目标，自由、平等、公正、法治的社会价值取向，爱国、敬业、诚信、友善的个人价值准则融为一体，为促进人的全面发展、引领社会全面进步，实现中华民族伟大复兴中国梦凝聚了强大正能量，具有重要现实意义和深远历史意义。家庭是社会的细胞，家教是社会教育的关键环节，家风是社会风气的重要组成部分。家庭家教家风建设并非是孤立的，而是整个社会建设的重要组成部分，必须遵循社会主义核心价值观的基本要求。新时代加强家庭家教家风建设，要充分重视社会主义核心价值观的引领功能。

具体实践中，要切实做好以下方面：一是培养爱党爱国爱家的情怀。家庭的前途命运同国家和民族的前途命运紧密相连，我们要认识到，千家万户都好，国家才能好，民族才能好。国家富强，民族复兴，人民幸福，不是抽象的，最终要体现在千千万万个家庭都幸福美满上，体现在亿万人民生活不断改善上。同时要认识到，国家好，民族好，家庭才能好。有国才有家，千千万万的家组成了国。新时代加强家庭家教家风建设，首先父母要引导和教育孩子树立家国情怀，将爱党爱国爱家统一起来，在推动国家繁荣富强中实现家庭兴旺，在实现家道兴旺中促进国家更好发展。父母要给孩子灌输爱国主义观念，教育孩子从小爱祖国大好河山、爱自己的骨肉同胞、爱祖国的灿烂文化，让爱党爱国爱家成为一种思想自觉和行动自觉。

二是建设相亲相爱的家庭关系。家庭是构成社会的基本单位，是人们灵魂深处最温馨的港湾。家庭以伦理为运行基础，而社会主义核心价值观中蕴含着丰富的家庭伦理准则，指引人们要孝敬父母、夫妻相爱、呵护子女、关爱亲朋等。因此，新时代加强家庭家教家风建设，要以社会主义核心价值观为引领，引导群众积极建设和谐温馨的家庭关系。

三是弘扬向上向善的家庭美德。向上向善是社会主义核心价值观友善内容的基本要求和充分体现，也是新时代家庭美德的必然要求。以社会主义核心价值观为引领，积极弘扬向上向善的家庭美德，父母要通过向上向善来躬行实践，为孩子树立学习榜样，从而为培养善良、向上、阳光、自信的下一代奠定扎实基础。

四是体现共建共享的家庭追求。家庭不仅是感受爱、维护爱的地方，而且是创造爱和分享爱的地方。和睦美满的家庭，需要家庭成员集体参与建设。因此，要以社会主义核心价值观为引领，鼓励和引导家庭成员既在家庭内部通过共建共享来塑造美好家庭，也积极融入全社会的共建共享中，形成家庭建设与社会建设的良性互动。

围绕落实立德树人根本任务开展家庭教育

立德树人是家庭教育的根本任务，任何时候、任何家庭都应紧紧围绕这一目标开展家庭教育。人作为一种社会性的存在物，并不是抽象的，而是具体的。马克思指出"人不是抽象的蛰居于世界之外的存在物。人就是人的世界，就是国家、社会"，强调"人，在其现实性上，是一切社会关系的总和"。任何个人都会与周围的人发生各种各样的社会关系，而在这些社会关系中，家庭关系占据着十分重要的地位。

家庭是人生的第一个课堂，父母是孩子的第一任老师。孩子们从牙牙学语起就开始接受家教，有什么样的家教，就有什么样的人。家庭教育涉及很多方面，但最重要的是品德教育，是如何做人的教育。新时代紧紧围绕落实立德树人根本任务开展家庭教育，要切实对"孩子如何做人"做好正确家庭引导。家庭教育的关键是父母要具备科学的育人知识，家长要能根据孩子的成长规律和不同年龄段的身心特点，不断学习相应的教育知识、做足做实育人功课，用正确思想、正确行动、正确方法培养孩子，使孩子从小养成好思想、好品行、好习惯，以正确世界观、人生观、价值观积极处事，以高尚品德融入社会，以健全人格成就自我，从而真正达到立德树人的目标要求。

家庭是人们灵魂深处最温馨的港湾，家庭和睦，青少年才能自信阳光、积极向上。家庭是一个人成长成才的关键课堂，家教科学严格，青少年才能三观端正、人格健全。家是最小国，国是千万家。重视家庭家教家风建设，既事关一个人、一个家庭的兴衰荣辱，又事关一个民族、一个国家的前途命运。随着经济社会的快速发展，家庭结构和生活方式正在发生显著变化，家教家风也必然会随之发生变化。进入新时代，中华大地全面建成了小康社会，历史性地解决了绝对贫困问题，正在策马扬鞭加速推进全面建设社会主义现代化国家，中华民族伟大复兴展现出光明前景。我们更需要通过家庭家教家风建设来构建良好党风、政风、社风，为中华民族伟大复兴提供坚强保障。

把家风建设作为党员和领导干部作风建设重要内容

家风又称"门风"，是一个家庭或家族在长期繁衍过程中形成的一种文化，这种文化在世代相传中，凝结成一种稳固的家庭或家族价值观念，进而以潜移默化的形式熏陶和影响着家庭或家族中的每一位成员，成为家庭或家族中代代遵循的价值准则。家风是社会风气的重要组成部分，家风建设不仅事关家道兴衰，而且事关社会风气好坏，正如习近平总书记所说："家庭不只是人们身体的住处，更是人们心灵的归宿。家风好，就能家道兴盛、和顺美满；家风差，难免殃及子孙、贻害社会，正所谓'积善之家，必有余庆；积不善之家，必有余殃'。"可见，家风不是孤立的存在，而是党风、政风、社风的重要连接点。追根溯源，一个个鲜活的人的道德品质、价值观念、行为习惯等，都来自不同家庭的家风熏陶，由此形成了家风对社风的深刻影响。

党员和领导干部来自不同的家庭，但其特殊身份决定了他们不仅是社会风气建设的重要参与者，而且是榜样示范者。党员特别是领导干部品行端正、道德高尚、理想信念坚定，则党风政风会清朗，整个社会风气也会越来越好。反之，党员特别是领导干部品行不正、道德败坏、贪污腐败，党风政风便会浑浊不堪，最终社风日下、人心涣散，甚至造成社会动荡。

新时代加强家庭家教家风建设，要切实抓好党员和领导干部这个关键群体，党员特别是领导干部要把家风建设摆在重要位置，严于律己，严格家教，始终做到廉洁修身，廉洁齐家。对此，要积极引导党员特别是领导干部筑牢反腐倡廉的家庭防线，将家风建设与党风政风建设融为一体，杜绝不正家风对党风政风的侵蚀，抓严抓实抓细家风建设，以纯正家风涵养清朗党风政风社风。

如何传承好家风

注重发挥家庭家教家风建设在基层社会治理中的重要作用

家庭是社会的基本细胞，是道德养成的起点，也是基层社会治理中的基本单元。"家风是社会风气的重要组成部分"，家风连着党风、政风、社风，家事连着政事、国事、天下事。新时代推动家庭家教家风建设，必须注重发挥家庭家教家风在基层社会治理中的重要作用，弘扬中华民族传统家庭美德，倡导现代家庭文明观念，推动形成爱国爱家、相亲相爱、向上向善、共建共享的社会主义家庭文明新风尚，让美德在家庭中生根、在亲情中升华，为基层社会治理提供重要思想滋养。

良好家教家风是提高基层社会治理能力的重要助力。家庭建设在教育引导家庭成员的同时，承载着很重要的社会功能，能影响和辐射家庭成员之外的人的思想品格和行为方式。良好家教家风对形成社会主义文明新风尚、维护社会和谐安定，具有基础性作用。新时代加强家庭家教家风建设，要将优良家教家风融入社会风气建设中，促进基层治理走向现代化，积极引导人民群众参与和谐社区、美丽乡村建设。

在我国，和谐社区和美丽乡村，不仅是无数家庭共同参与建设的结果，而且是影响无数家庭建设优良家教家风的重要环境基础。新时代注重发挥家庭家教家风建设在基层社会治理中的重要作用，要着力打造和谐社区和推进美丽乡村建设，不断提升家庭家教家风建设实效性，为基层社会治理作出有益贡献。

《光明日报》（2021年12月27日第06版）

高度重视家庭家教家风建设

黄铁苗

党的十九届六中全会通过的《中共中央关于党的百年奋斗重大成就和历史经验的决议》指出，要"注重家庭家教家风建设"。家是最小国，国是千万家。建设好每一个家庭，就是在为建设强大的国家贡献力量。

正确理解家庭教育的内涵与特点

2022年1月1日，家庭教育促进法正式施行。家庭教育促进法体现了培养德智体美劳全面发展的社会主义建设者和接班人的立法目的，是一部调动全社会力量共同做好家庭教育工作的法律，一部以立德树人为主线的法律，一部促进未成年人全面健康成长的法律，也鲜明体现了家庭教育的内涵与特点。

按照家庭教育促进法的规定，家庭教育的主体是未成年人的父母或者其他监护人及其他家庭成员，对象是未成年人。从空间上看，

如何传承好家风

家教一般是在家庭范围内，家庭是人生的第一个课堂，家教是由家庭家族中的长辈随时随地有针对性进行的。从时间上看，家教是一个人从幼年开始接受的教育。幼年时期，人头脑单纯，好像一张白纸，画下的痕迹是最深刻的；也好像一株幼苗，是容易塑造或矫正的。所以，一个人即使到了老年，青少年时期在家庭长辈面前所接受的教育都会记忆犹新。从范围上看，家庭教育大都既有言传又有身教，最重要的是品德教育，是如何做人的教育。由此可见，家教是父母长辈给予后辈的最无私的温暖和最大的希冀，是家庭家族传承给后代最宝贵的精神财富。

由家教形成的生活习惯和行为规范或规矩，就是家风。有什么样的家教，就有什么样的家风。由家教形成的家训家风是一个家庭家族治家经验的总结，或者是对其他家庭家族治家经验的借鉴，以及对传统文化的继承和发扬。中国历史上有过很多兴旺发达的家庭，不仅家族兴旺，而且为国家和民族作出了巨大贡献。例如，"江南第一家"郑氏家族，以孝义治家，其168条家规成为明代典章制诰的蓝本。数百年间该家族人员173人为官无一贪渎，以其清廉家风扬名于世。历史上记载家教家风的家训、家规、家范等，大都是由家庭、家族中有影响、有文化、有见识、有作为、有贡献的长辈提出和形成并不断完善，或印刷于书籍，或雕刻于石木，或撰写于楹联，更多则是口耳相传。这些文字大都简练易记，因青少年时期所学，一般永志不忘，终身受益，古今皆然。

有什么样的家教，就有什么样的人。习近平总书记在会见第一届全国文明家庭代表时回忆："我从小就看我妈妈给我买的小人书

《岳飞传》，有十几本，其中一本就是讲'岳母刺字'，精忠报国在我脑海中留下的印象很深。"这充分说明，家庭教育对于树立青少年正确道德观念、引导做人的气节和骨气，形成美好心灵，促进健康成长有着至关重要的作用。

传承弘扬良好家教家风的意义与路径

有助于推动党风政风出现新变化新气象。党的十八大以来，我们党深入推进反腐败斗争，查处一系列严重违纪违法案件。在腐败干部的忏悔材料中，不难发现，这些被查处的违纪违法干部常常存在"裙带腐败""衙内腐败"等问题，有"夫妻店"，有"父子兵"，有"兄弟档"，有"全家腐"。这些贪腐分子，常常存在家风不正、家教不严的问题。可以说，在一定程度上，家风不正、家教败坏是领导干部走向严重违法违纪的重要原因。

习近平总书记告诫："领导干部特别是高级干部一定要重视家教家风，以身作则管好配偶、子女，本分做人、干净做事。"切实加强党风政风建设，必须从重视家庭教育开始。每一位党员领导干部，都要把家风建设摆在重要位置，严格要求自己，做到清清白白做人、干干净净干事、坦坦荡荡为官，以优良的家教家风，推动党风政风出现新变化新气象。

有助于端正个人作风、滋养社会风气。家风是社会风气的重要组成部分。千千万万个家庭的家风好，子女教育得好，社会风气好才有基础。一段时间内，我国的社风民风存在一些问题。例如，一些地方奢靡之风盛行，一些人非名酒不喝、非名烟不抽，为了面子而进行盲目消费、攀比消费，造成严重浪费现象。这些不良的社会和民间风气，皆为人之所为，而人都来自家庭。只有我们每一个人都能受到良好家庭教育，懂得自律、节俭的道理，具有高尚情操，这些不良的社会风气才能得到根本改变。

在家庭教育中，勤俭节约是不可或缺的内容。我国已全面建成小康社会，许多家庭都已经富裕起来，这就使得不少家庭忘记了勤俭节约的古训，常常浪费食物、浪费资源。近年出台的反食品浪费法、家庭教育促进法等都专门涉及勤俭节约问题。高度重视食物节约，关系个人道德品质培养、良好家风建设、国家民族兴旺发达。而这些良好品德，大都是在家庭中形成的。因此，家庭教育要特别重视这一点。

有助于加强对青少年道德品质的培育。青少年是祖国的未来、人类的希望。家庭是人生的第一个课堂，父母是孩子的第一任老师。从幼年到青少年时期所受家庭教育的好坏，会影响人的一生。过去，有些家庭在家教方面存在一些问题。比如，望子成龙、望女成凤的片面教育，重视应试教育，忽视做人教育；有的家长不重视教育、不懂得如何教育，对孩子放任自流；家长自身行为不端，进行负面的言传身教，导致青少年出现不良行为甚至犯罪行为。

少年强则中国强。一个国家和民族，只有广大青少年有理想、有志向、敢担当，国家才有希望。正如习近平总书记所指出的："青年理想远大、信念坚定，是一个国家、一个民族无坚不摧的前进动力。青年志存高远，就能激发奋进潜力，青春岁月就不会像无舵之舟漂泊不定。正所谓'立志而圣则圣矣，立志而贤则贤矣'。"必须对青少年加强理想志向教育。未成年人的父母或者其他监护人及其他家庭成员是家教的重要主体，加强家教家风建设，施教者要先受教育。可以通过举办家教家风培训班，使更多人接受培训，懂得家教的重要性和家教的方法路径。充分利用媒体、网络平台介绍家教家风做得好的家庭，结合城乡文明建设带动家风培育。父母既要重视言传，更要重视身教，以自己的行动为孩子树立良好榜样。

《光明日报》（2022年04月15日第06版）

如何传承好家风

自觉涵养新时代良好家风

王增福

家风是一个家庭在长期延续过程中形成，体现家庭成员精神风貌、道德品格，需要代代相传和世代遵循的价值准则。进入新时代，涵养共产党人良好家风是深入推进党的建设新的伟大工程的题中应有之义，也是共产党人加强党性修养、践行初心使命的时代要求。中国共产党人要始终把个人品德提升和优良家风建设摆在重要位置，自觉涵养新时代良好家风，以优良家风培塑廉洁党风、清朗政风、淳朴民风，加快全社会风气持续向好进程。

汲取优良家风的丰厚滋养

习近平总书记高度重视家风传承问题，指出"广大家庭都要弘扬优良家风，以千千万万家庭的好家风支撑起全社会的好风气"，强调"中华民族传统家庭美德铭记在中国人的心灵中，融入中国人的血脉中，是支撑中华民族生生不息、薪火相传的重要精神力量，是家庭文明建设的宝贵精神财富"。涵养新时代共产党人的良好家风，要注重汲取优良家风的丰厚滋养。中华民族的优秀传统家风诠释着中华文化的价值标识，承载着华夏文明生生不息的基因密码。回顾5000多年中华文明史，从《诫子书》到《颜氏家训》再到《傅雷家书》，从孔子庭训"不学诗，无以言""不学礼，无以立"到岳母刺字激励精忠报国再到朱子家训"恒念物力维艰"等，都生动映射出重家教、守家训、正家风的中华民族优良传统，深刻折射出家风文化在中华文明中的文化根脉传承，以及在华夏文明发展史中的文化丰碑地位。

中国共产党是中华优秀传统文化的继承者和弘扬者，历来重视家风建设。老一辈无产阶级革命家严于律己、修身齐家的家风实践所涵养形成的红色家风，丰富了革命文化的内涵，彰显了共产党人的鲜明本色。毛泽东同志秉持"身修而后家齐，家齐而后国治，国治而后天下平"的理念，形成了"严以教子、严以治家、严以持家"的家风；周恩来同志对家人提出"绝不允许家人享受任何特权""无论做什么事都不要先考虑自己，要以国家和人民的利益为重"等方面的家规，是共产党人家风建设的光辉典范，也是共产党人革命精神的生动体现。新征程上，中国共产党人要让自身的家庭、家教和家风建设深植于中华优秀传统文化和革命文化的沃土，从优良家风中汲取精神养分，培育积极健康的家庭观念，以清白做人、勤俭齐家、干净做事的好家风，在全社会汇聚起昂扬向上的精神力量。

发挥领导干部在家风建设中的表率作用

"将教天下，必定其家，必正其身。"领导干部的家风，不是个人小事、家庭私事,而是领导干部作风的重要表现。涵养新时代共产党人的良好家风,是落实全面从严治党要求的重要维度,贵在把握现实意义,要充分发挥领导干部在树立良好家风方面的带头作用。习近平总书记指出:"领导干部的家风,不仅关系自己的家庭,而且关系党风政风。各级领导干部特别是高级干部要继承和弘扬中华优秀传统文化,继承和弘扬革命前辈的红色家风,向焦裕禄、谷文昌、杨善洲等同志学习,做家风建设的表率,把修身、齐家落到实处。"中国共产党将家风建设与党风政风建设紧密联系在一起,将其视为党员、干部作风的直接表现,将其作为党员、干部作风建设的重要任务。

加强家风建设是落实全面从严治党的重要抓手,是领导干部作风建设和自身修为的终身课题。作为"关键少数"的领导干部,必须把家风建设摆在重要位置。一方面,要自觉加强党性修养,坚定共产主义远大理想和中国特色社会主义共同理想。牢固树立公仆意识和为民情怀,自觉克服特权思想,低调做人、干净做事、廉洁从政。另一方面,要加强自我约束,管好自己和家人。领导干部要严于律己,自觉敬畏法律和纪律,在廉洁自律上作出表率;严格要求亲属子女,过好亲情关,教育他们树立遵纪守法、艰苦朴素、自食其力的良好观念,提防"枕边风"成为贪腐的导火索,防止子女打着自己的旗号非法牟利。总之,领导干部要自觉砥砺优良作风,争做家风建设表率,推动家风党风政风民风持续向好。

用实际行动推动良好家风建设落实走深

涵养新时代共产党人的良好家风,是营造风清气正政治生态的有效路径，亟须强化主体责任、形成建设合力、落实制度保障。中国共产党员涵养良好家风，要坚持以习近平新时代中国特色社会主义思想为指导，把家风建设摆在更加突出的位置，用马克思主义世界观人生观价值观净心修身，以对党的无限忠诚和对党纪国法的敬畏校准自己的价值坐标，坚定理想信念，把牢价值之舵。基层党组织应抓好纪律教育、政德教育、家风教育，深化以案为鉴、以案促改，正确处理自律和他律、信任和监督等关系，构筑起拒腐防变的思想道德防线和价值原则底线。

新时代共产党人家风建设不仅是一门需要广大党员干部长期必修的党性课程，更是一项需要在制度建设、协同推进方面久久为功的系统党建工程。党的十八大以来，党员领导干部家风建设作为净化政治生态和推动全面从严治党向纵深发展的重要抓手，被纳入了新制定或新修订的《关于新形势下党内政治生活的若干准则》《中国共产党廉洁自律准则》《中国共产党党内监督条例》《中国共产党纪律处分条例》等党内法规，充分彰显了我们党以制度规范与制度创新深化推进新时代共产党人家风建设的战略眼光、政治智慧与长远安排。这必然要求我们以考核求实效，以监督促规范，以问责保落实，以制度建设的刚性约束和廉洁文化的柔性约束，将共产党人家风建设的示范效应充分释放出来，将党员干部对家风引领的"头雁效应"充分发挥出来。

《光明日报》（2022年07月25日第06版）

如何传承好家风

建设和弘扬新时代良好家风

朱本欣

天下之本在国，国之本在家。家风尤其是领导干部家风，关系党风政风民风。习近平总书记从党和国家事业发展全局和促进人的全面发展出发，围绕家风建设作出一系列重要论述。这既传承发扬中华优秀传统家风文化和红色家风文化，又赋予其新的时代内涵，科学回答了新时代家风建设的一系列重大理论和实践问题，升华了我们党对家庭家教家风建设的规律性认识，有力推动亿万家庭以纯正家风涵养清朗党风政风民风，汇聚为实现中华民族伟大复兴中国梦而砥砺奋进的磅礴力量。

新时代家风建设的形成逻辑和内涵创新

新时代家风建设吸收了中华优秀传统文化的思想精髓，继承了马克思主义家庭观、革命前辈的红色家风，又顺应新时代党风政风建设的现实需要，以家风淳民风，以家风化社风。

传承中华优秀传统家风文化。传统家风是中华优秀传统文化的精粹，是先人留给我们的智慧宝库，应当充分利用、传承发扬。中华优秀传统家风文化以儒家倡导的"修身、齐家、治国、平天下"为核心观念，以《颜氏家训》《朱子家训》等家教、家学为具体传承方式，表现为勉学、勤劳、孝顺、谦让、诚信、节俭等中华传统美德。新时代家风建设根植于中华优秀传统文化的丰厚土壤，充分吸收中华民族血液的思想道德养分，赓续传承、发扬光大。

充分发扬革命前辈的红色家风。革命前辈的红色家风是老一辈无产阶级革命家在长期革命、建设、改革中，形成的家庭文明、传统习惯、行为准则及处世之道的综合体，是中国共产党人的精神、道德、价值取向及作风在家庭生活层面的集中体现，是一笔宝贵的精神财富。新时代家风建设发扬革命前辈的红色家风，并以之为基础，在全社会努力塑造优良党风政风，引领端正的社风民风。

以优良家风涵养清正党风政风。习近平总书记强调，"领导干部的家风，不仅关系自己的家庭，而且关系党风政风"。这指出了家庭、政党、国家三者之间的密切关系，以及家风建设的重大意义。家风建设涉及千千万万个家庭，而领导干部的家风不仅关系自己的家庭，而且关系党风政风。新时代家风建设以"治家"为"治国"基点，紧密关联依规治党、以德治党的重要内容，明确家风正，则民风淳、政风清、党风端，特别是把对党忠诚纳入家庭家教家风建设这一重大创新，把新时代家庭家教家风建设提到了前所未有的新高度。领导干部更要把家风建设摆在重要位置，带头建设新时代优良家风，推动清正廉洁的党风建设、政风建设。

推动新时代家风建设制度化法治化。党员干部家风败坏不仅是道德问题，而且是政治和纪律问题。新时代家风建设的重点对象是领导干部及其亲属、子女和身边工作人员，并把相关内容在《关于新形势下党内政治生活的若干准则》《中国共产党纪律处分条例》等党内法规中作出明确规定。《中华人民共和国民法典》婚姻家庭编规定："家庭应当树立优良家风，弘扬家庭美德，重视家庭文明建设。"家庭教育促进法等法律法规也注重引导全社会重视家风家教，以制度化法治化的形式推动家风建设。

持续挖掘弘扬新时代家风建设的时代价值

"家是最小国，国是千万家"。新时代家风建设是推进以德树人、全面育人的重要抓手，是推进社会主义核心价值体系建设的重要依托，也是完善国家治理体系的重要举措，具有重要的时代价值。

家风建设升华了个人发展的内涵。家庭教育涉及很多方面，但最重要的是品德教育，是如何做人的教育。新时代家风建设把个人发展放在一个立体结构中，既有内在层面的道德人格基础完善，又有家国层面的贯通发展，还有历史传统的价值融会，为新时代社会主义公民的个人发展赋予了新的时代内涵。

家风建设涵养了社会的良好风气。习近平总书记提出："我们着眼于以优良党风带动民风社风，发挥优秀党员、干部、道德模范的作用，把家风建设作为领导干部作风建设重要内容，弘扬真善美、抑制假恶丑，营造崇德向善、见贤思齐的社会氛围，推动社会风气明显好转。"家风是社会风气的重要组成部分，树立良好家风，有助于营造全社会崇德向善的浓厚氛围，以好的家风支撑起好的社会风气。

家风建设巩固了国家的德治之基。千家万户都好，国家才能好，民族才能好。家风由个人的私"德"扩展到党政建设的公"德"，实现了与社会主义核心价值观的结合。党员领导干部的好家风可以凝聚党心民心、塑造优良党风，对当前融"德治"于中国特色社会主义法治国家建设具有促进作用。

新时代家风建设的路径选择

新时代家风建设在修身层面注重个人品德的培育，在齐家方面强调党员领导干部廉以持家的原则，在治国方面突出了"以德治国"的重要性，呈现出由个人至家庭，扩及社会至国家的完整体系性覆盖。

家风建设之"根"植于个人，注重言传身教、身体力行。古人认为修身是齐家、治国、平天下之根本，我国老一辈革命家也无不在革命生涯中"律己修身"。打铁必须自身硬。广大党员干部必须从自身做起，深刻领会"只有自己行得正、走得直，才能做子女们的表率""除了工作需要以外，少出去应酬，多回家吃饭。省下点时间，多读点书，多思考点问题""手捧一卷，操持雅好、神游物外，强身健体、锤炼意志"等要求，以之为勉励，以身作则，率先垂范，塑造优良家风。

家风建设之"干"发于家庭，筑牢拒腐防变家庭防线。家庭是人生的第一个课堂，父母是孩子的第一任老师。孩子们从牙牙学语起就开始接受家教，有什么样的家教，就有什么样的人。家庭教育好坏和父母素养高低，直接决定了能培养出什么样的人。家庭的教化功能对于合格公民的培养，具有不可替代的作用。对领导干部而言，廉洁齐家更是良好作风的要求。习近平总书记强调，"防止'枕边风'成为贪腐的导火索，防止子女打着自己的旗号非法牟利，防止身边人把自己'拉下水'"。党员干部要加强自我约束，教育管理好配偶和亲属，共建家庭防线，共筑拒腐屏障，使廉洁家风落在实处，通过建设良好家风，推动实现干部清正、政府清廉、政治清明。

家风建设之"花"开于社会，引导社会风气向上向善。社会是家庭的合集。万千家庭良好的家风，是文明社会风气形成的源泉。良好家风熏陶下养成的高尚品行和文明举止在社会交往中产生辐射效应，对其他社会成员起到正向引导作用，会带动社会风气整体向善向好发展。家家建设好家风，把家庭成员培养成为合格的社会主义公民，把个人对家庭的奉献融入家庭对社会的贡献，有助于推动形成爱国爱家、相亲相爱、向上向善、共建共享的社会主义家庭文明新风尚，激励每一个家庭成员用奋斗建功新时代、用初心砥砺新征程。

家风建设之"果"结于国家民族，服务于国家民族发展。新时代家风建设最核心的精神内核，与中国共产党人一直以来的初心和使命一脉相承，即"为人民谋幸福，为民族谋复兴"，这也是"中国梦"的题中之义。一个人，一个家庭，若涓滴，若星辰，只有主动投入、主动拥抱国家民族发展的历史进程，并为之砥砺奋斗，方是涓滴入洪流、星辰入银河，在实现自我价值的同时，最终实现社会价值。

《光明日报》（2022 年 09 月 27 日第 06 版）

传承弘扬好家风

沈壮海

2022年6月8日,习近平总书记到四川省眉山市三苏祠考察时,讲到"文化自信"——"一滴水可以见太阳,一个三苏祠可以看出我们中华文化的博大精深。"还特别讲到家风——"家风家教是一个家庭最宝贵的财富,是留给子孙后代最好的遗产。要推动全社会注重家庭家教家风建设,激励子孙后代增强家国情怀,努力成长为对国家、对社会有用之才。"

党的十八大以来,家风建设,是习近平总书记高度关注、频频论及的重要话题。党的二十大报告强调,"实施公民道德建设工程,弘扬中华传统美德,加强家庭家教家风建设"。

家风就是家庭的风气、风尚、风貌,是家庭的精神气质、家庭的核心价值观。家风塑造人生,人生在家风熏陶滋养中起步,人生的幸福往往有良好家风的依托。家风关乎"家道",好家风,引领着一个家庭的和谐凝聚、向善、向上、向前。家风连着党风政风。党员

如何传承好家风

领导干部的家风,折射着党风政风,绝非个人私事,是社会风气的重要风向标;百年进程中,中国共产党人伟大精神谱系,铸造于为国为民的生死以赴中,也展现在、存养于具体、平常而又伟大的家风中。家风托起"世风国运"。我们每一个家庭都为这个社会、为这个国家、为这个民族贡献我们的力量,我们的发展动力就会更加强大。

什么是好家风呢?家风世有不同,代有流变,但好家风有其共性特征。

好家风中有"情"。家庭不只是人们身体的住处,更是人们心灵的归宿。抽去温情、真情,家便不成其为"家"。一句"回家过年",之所以牵动着亿万中国人最温馨的情愫,是因为那里有乡愁、有相思、有牵挂,有精神的寄托、真情的呼唤。

好家风中有"责",家、国之责。"入则致孝于亲,出则致节于国",在家尽孝、为国尽忠是中华民族的优良传统,是好家风的"精神基因"。

好家风中有"志"。这是对志向、抱负、价值追求等的强调和褒扬,"人无志,非人也""非学无以广才,非志无以成学""学莫先于立志,志之不立,犹不种其根,而徒事培拥灌溉,劳苦无成"等励志言论,遍布于各类家书、家训之中。

好家风中有"守"。守道义,推崇"生亦我所欲也,义亦我所欲也,二者不可得兼,舍生而取义者也";守节,主张"临大节而不可夺",同时守小节;守慎,坚持"坐密室如通衢,驭寸心如六马,可以免过",决"不能在'月黑风高无人见'的自欺欺人中乱了心智,不能在'你知我知天知地知'的花言巧语中迷了方向"。

好家风中有"戒"。要"戒奢","静以修身,俭以养德。非澹泊无以明志,非宁静无以致远""一粥一饭,当思来处不易;半丝半缕,恒念物力维艰"等,都有启示;要"戒贪",田稷子母教子退贿、晋陶侃母责子退鲊等故事广为流传,起到了很好的教育作用;此外,有戒傲、戒狷薄、戒裙带等。

好家风中有"教"。重视子女教育,勉学向善,古文经典中"家无贫富,人无智愚,子孙皆不可不教""遗子黄金满籝,不如一经"等论述。

2016年12月12日,习近平总书记在会见第一届全国文明家庭代表时指出:"要在家庭中培育和践行社会主义核心价值观,引导家庭成员特别是下一代热爱党、热爱祖国、热爱人民、热爱中华民族。要积极传播中华民族传统美德,传递尊老爱幼、男女平等、夫妻和睦、勤俭持家、邻里团结的观念,倡导忠诚、责任、亲情、学习、公益的理念,推动人们在为家庭谋幸福、为他人送温暖、为社会作贡献的过程中提高精神境界、培育文明风尚。"这一重要论述,内含着对中华优秀传统家风文化的承扬,体现了新时代好家风的核心性要求。

好家风的构建、弘扬有其规律可循。一方面,广大家庭要重言传、重身教,教知识、育品德,身体力行、耳濡目染,帮助孩子扣好人生的第一粒扣子,迈好人生的第一个台阶。另一方面,全社会、每一个家庭、家庭中的每一个成员共同努力,传承弘扬,不坠家风,努力使每一个家庭都成为人生幸福、美好生活的港湾,成为国家发展、民族进步、社会和谐的重要基点,成为人们梦想启航的地方。

《光明日报》(2023年06月21日第04版)

传统家礼文化的地位、功能与传承价值

葛大伟　陈延斌

家礼，即家庭或家族的礼仪，是由通礼、冠礼、婚礼、丧礼、祭礼等"五礼"构成的完整的家庭家族礼仪系统。源远流长的中华家礼文化积淀着中国人民对于家庭文明和社会治理文明的历史智慧，而家国一体的社会结构也使得我们的先人们特别重视家礼建设。深入把握传统家礼文化的地位和功能，推动优秀传统家礼文化的创造性转化、创新性发展，无疑将有助于建设中华民族现代文明。

传统家礼文化是中华礼乐文化之始

礼乐文化，作为维系中国古代"大一统"政治和社会格局的重要制度设计和精神纽带，其历史源流一直存在争议。较有代表性的观点包括源于原始社会祭祀说、源于原始社会风俗习惯说、源于原始礼仪说、源于人情和历史说、源于生产生活说等。综合各说之共识，祭祀、风俗、分工等原始社会家庭生产生活场景，应是礼乐文化诞生的现实基础。孔子讲"兴于《诗》，立于礼，成于乐"，一个"立"字清晰表述了礼乐制度的建构逻辑。《朱子家礼》开篇指出："凡礼有本、有文。自其施于家者言之，则名分之守、爱敬之实，其本也。冠、婚、丧、祭，仪章度数者，其文也。"这里的"本"即家礼的本源、实质，而"文"是指家礼的结构、形式，也即家礼的经典化。

最早关于礼乐文化的记载，绝大多数是关于家庭或者家族礼仪的内容。例如，《左传》云："孝，礼之始也。"荀子认为礼之"本"在于"上事天，下事地，尊先祖而隆君师"。《礼记》云，"礼，始于谨夫妇，为宫室，辨外内""男女有别然后父子亲，父子亲然后义生，义生然后礼作"，强调"夫礼者，所以定亲疏，决嫌疑，别同异，明是非也"。可见，析分家庭和社会成员之间的亲疏关系，是礼存在的本义和源头。以家庭礼仪秩序为核心，延展至社会公共领域，则"道德仁义，非礼不成；教训正俗，非礼不备"。可见，家礼文化是礼乐文化的逻辑起点，为殷周以降家国同构社会的形成，奠定了重要思想基础。

传统家礼文化是传统社会的家庭与社会治理之基

家礼是家庭或家族内部的礼仪，以礼义、礼仪、礼制、礼俗、礼教调整着家庭成员的伦理关系，维持着孝老敬长、敦亲睦族的家庭家族日常生活，培育了一代代中国人浓郁真挚的家国情怀和慎终追远的感恩意识，维护了传统社会家庭家族生活的稳定与发展。

家礼文化的功能和影响，不仅仅限于家庭。因为"礼"的本质是一种"合于道德理性的规定"，是人的主体性和社会性辩证统一的理性自觉。法国历史学家布罗代尔在《文明史》中认为，儒家的礼仪文化"对家庭和社会态度作出了规定"，主要作用是"借此建立了一种旨在维持社会和国家之秩序、等级的伦理、生活规范"。在儒学的建构框架中，"修身，齐家，治国，平天下"是一个递进的逻辑体系。修身是齐家的前提，齐家是治国的根基，而治国有道，才能天下归心，四海宾服，所谓"一家之教化，即朝廷之教化也"。

中华文明语境下的"家"与"国"总是呈现"同心圆"式的关联图景，家庭礼仪文化始终是社会礼仪文化的价值之轴。从小家到大家，从家庭礼仪到社会礼制，家礼文化对全社会起着无所不在的渗透作用，从一定程度上巩固了儒学的"正统"地位，为古代中国的社会治理格局提供了基层制度保障，构成了中国社会数千年来爝火不息的"超稳定结构"，对乡土中国的发展和中华文明的延续起到了重要作用。

传统家礼文化的现实样态与传承价值

家礼文化不仅深深影响中国古人的精神价值和生活方式，至今能够找到其"活着"的现实样态，从中不难发现其传承价值。

其一，在婚丧嫁娶等家庭重要仪典活动中，家礼一直存续。婚礼和丧礼相对于其他家庭活动而言，仪式感最强、结构性程序最多，保有的传统家礼文化遗存也最典型。尽管存在"十里不同风，百里不同俗"的客观现实，但今天的婚礼、丧礼或多或少还存有古风。

其二，在家庭教育中，家礼仍在被广泛应用。中华民族向来注重"父慈子孝"的家庭亲子关系和"养而教之"的家庭教育实践。敬长礼仪、餐桌礼仪、贺寿礼仪等，至今是家庭教育的重要内容。

其三，在传统节日活动中，家礼普遍存在。在中华民族传统节日和节气文化中，仍然保留了大量传统家礼文化的历史遗存。比如，农村利用节气文化开展生产劳动；又如，家人在清明、中元等节日进行祭扫活动；再如，家庭在元宵、端午、中秋等节日制作特殊饮食、举行特别仪式等。

习近平总书记强调"提炼展示中华文明的精神标识和文化精髓"，指出"展现可信、可爱、可敬的中国形象"。我们要积极吸纳借鉴传统家礼文化中的有益成分，有效推动其创造性转化、创新性发展，进一步彰显中华文化魅力，赋予其新的时代内涵。

利用家礼文化涵育家风。家庭是人生的第一个课堂，父母是孩子的第一任老师。我国古代的《周易》卦辞中就有"正家而天下定矣"的表述，"知书达礼"是施行家教的首要目标，"诗礼传家"是不坠家风的重要手段。家礼在操作性上贴近生活，通过"自然法""习惯法"的形式，将家庭道德观念在洒扫应对、人伦日用之中潜移默化地传递渗透给家庭成员，相较于"经礼"更能体现人的"主体精神"和"意识自觉"。因而家礼在承袭家族传统、沟通家庭情感、开展家庭教育、塑造家庭价值方面，具有无可替代的载体作用。

利用家礼文化加强社会治理。中国独特的家国文化传统，构成了中国家庭与中国社会独特的生成和作用逻辑。"天下之本在国，国之本在家。"中华民族历来注重通过家庭治理来实现社会治理，并形成一套以家礼家规、宗法制度、乡俗民约为基础的治理体系。家礼文化虽是居家之礼，但其适用的领域、辐射的范围却不仅仅限于家庭内部。《礼记》把孝划分为三个层次，"孝有三，大孝尊亲，其次弗辱，其下能养"，意为孝的至高境界是以功显亲，光耀父母，为国为民作的贡献越大父母享受的尊荣就越高；次等的孝，是俯仰无愧，未让父母为自己蒙羞；最低等级的孝才是"能养"。由此可见，家礼文化对于社会治理的功能，已远远超出了一家一姓道德教化的范围，而是由近及远，推己及人，扩展到了更加宽广的社会领域。

利用家礼文化讲好中国故事。家礼文化作为涵养中国人家庭美德、培育中华文明的特色文化，不仅对中国人而言蕴含着丰富的道德价值、教育价值和治理价值，而且就世界范围而言也蕴含着丰富的传播价值和交流价值。家庭是每一个国家和民族都具备的社会组织形态，家庭价值、家庭情感是文化隔阂最少的传播领域。向其他国家和民族的受众讲述中国家庭故事、家庭文化、家庭道德，往往最容易获得情感认同。《饮食男女》《我的父亲母亲》《地久天长》等反映中国家庭文化的电影屡获国际大奖，《都挺好》在国外视频网站火爆上线，《媳妇的美好时代》红遍非洲大街小巷，纪录片《舌尖上的中国》通过"讲美食背后的故事"的方式将中国人的家庭礼仪、文化观念、生活习惯用富有哲理和诗意的解说词向观众娓娓道来，使得中国家庭、中国亲情、中国温暖跃然屏幕之上。这些反映中国家庭生活的作品之所以能够成为海外热议的文化现象，正是因为讲好了中国的家庭故事，引发了广泛的情感共鸣。这表明通过各种载体对家礼文化进行创造性转化、创新性发展，呈现为一种生活方式和文明形态，实现活态传承，是更有力地推进中国特色社会主义文化建设，建设中华民族现代文明的题中应有之义。

《光明日报》（2023年07月03日第15版）

如何传承好家风

推动形成社会主义家庭文明新风尚

姜玉峰

习近平总书记在二十届中央纪委三次全会上提出,"要注重家庭家教家风,督促领导干部从严管好亲属子女"。领导干部作为推动党和国家事业发展的"关键少数",其家风不仅事关个人修养和家庭幸福,更事关党风政风。领导干部要把家风建设摆在重要位置,廉洁修身、廉洁齐家,涵养新时代领导干部好家风。

汲取中华传统家训家规精华

中华民族传统家庭美德,是家庭文明建设的宝贵精神财富。中华民族自古以来就重视家训在家风养成和传承中的作用,从"忠厚传家久、诗书继世长"的古训,到《颜氏家训》《朱子家训》等经典,我国历史上流传下来的家训是中华民族传统家庭美德的重要体现,其功能跨越时空界限,烛照着每个人的心灵世界。

中华优秀传统家训不仅包含修身齐家、为人处世等方面的教导,更有着诸多廉洁廉政方面的训诫。浙江浦江郑义门《郑氏规范》168条家规中有多条涉及廉政廉洁，是专为出仕做官的子孙制定的。郑氏家族十五世同居共财，有173人为官，无一人因贪墨而罢官。山西闻喜裴柏村裴氏家族形成了"重教守训，崇文尚武，德业并举，廉洁自律"的家风，历史上先后出过宰相59人，正史立传与载列者600余人。这些家训家规将修身、齐家、治国、平天下有机统一，不仅对家族发展兴旺起到重要的规训、保障作用，更为后世推进家风建设树立了典范。新时代推进领导干部家风建设，要善于从中华传统家训家规中汲取营养和智慧，在坚持去粗取精、去伪存真的基础上，要对中华优秀传统家训家规文化进行创造性转化、创新性发展，把富有永恒魅力、具有廉政教育价值的思想精华弘扬起来，使之转化为领导干部管家治家的行动自觉。

赓续老一辈革命家红色家风

习近平总书记强调："在培育良好家风方面，老一辈革命家为我们作出了榜样。"注重家风家教是中国共产党人的优良传统。老一辈革命家带头严家教、守家规、正家风，形成了先"大家"后"小家"、舍"小家"为"大家"的红色家风，不仅体现出老一辈革命家高尚的政治品格和崇高的人格风范，而且彰显了灵魂深处的信仰力量，是中国共产党人初心使命的生动体现。

毛泽东同志对自己孩子的要求是做一个普通人，对于请求帮忙找工作的亲友，他严格实行不介绍、不推荐、不说话、不写信的"四不主义"。周恩来同志告诫领导干部要过好思想关、政治关、社会关、亲属关、生活关，并严格要求自己的亲属，给他们订立了"十条家规"，从没有利用自己的权力为自己或亲朋好友谋过半点私利。朱德同志经常教导子女要接班不要接官，要把子女后辈培养成无产阶级革命事业的接班人，并为家人树立了"不准搭乘他使用的小汽车；不准亲友相求；不准讲究吃、穿、住、玩"的"三不准"家规。这些家风蕴含着以身作则、约束家人的优良作风，体现着公私分明、不搞特殊的清廉本色，是激励后辈、光照后人的旗帜、标杆和明灯，是中国共产党人永不褪色的"传家宝"。涵养新时代领导干部好家风，要从老一辈革命家红色家风中汲取营养，深挖其中的精神内涵和思想实质，充分运用新媒体、新技术对红色家风进行全景式、立体式、延伸式展示宣传，增强表现力、传播力、感染力，使红色家风成为推动领导干部家风建设的生动素材。

推动领导干部做家风建设的表率

群众看领导干部，往往要看领导干部亲属和身边工作人员，往往从这里来判断领导干部是否廉洁奉公，进而从这里来看党风廉政建设的成效。领导干部是家风建设的"风向标"，他们的一言一行，直接影响着家庭成员，在很大程度上决定着家风家教。

"一人不廉，全家不圆。"从近年来查处的腐败案件看，一个家庭家风不正，往往是从领导干部理想信念动摇、生活堕落腐化、管家治家不严开始。领导干部家人出了问题，表面是配偶、子女行为不当，其实是领导干部在家庭廉洁建设方面没有起到应有的引领和表率作用。因此，作为家风建设第一责任人，领导干部要带头示范、以身作则，推动廉洁齐家落到实处。要强化理论武装，学深悟透习近平总书记关于家庭家教家风建设的重要论述，带头修身齐家、廉洁治家。坚持以身作则，执行廉洁自律准则，带头树立家庭美德、遵守职业道德、践行社会公德、涵养个人品德，尊老爱幼、诚实守信、公道正派、尚廉知耻，进一步推动社会主义核心价值观在家庭落地生根。坚持从严治家，强化对亲属和身边工作人员的教育和约束，纯洁个人及亲属的生活圈和社交圈，引导他们力戒特权思想和享乐思想，不行不义之举，不谋不义之财。坚持秉公用权，在任何时候任何情况下，绝不将手中的权力私有化，切实做到权为民所用、情为民所系、利为民所谋。

强化制度执行和日常监督

制度问题更带有根本性、全局性、稳定性、长期性。加强党内法规制度建设，是涵养新时代领导干部好家风的长远之策、根本之策。党的十八大以来，领导干部家风建设被写进《中国共产党廉洁自律准则》《中国共产党党内监督条例》《中国共产党纪律处分条例》《党政领导干部考核工作条例》《中华人民共和国家庭教育促进法》等党纪国法，充分体现了党和国家对领导干部家风建设的重视，也为涵养领导干部好家风提供了法律支撑与制度保障。

推动领导干部家风建设，要在强化制度执行和日常监督上下功夫。坚持把纪律和监督挺在前面，精准运用监督执纪"四种形态"，坚决查处家族式腐败，坚决防止打旗号、乱办事、谋私利情况发生。推动将家风建设与党风廉政建设相融合、与干部选拔任用相结合，引导领导干部提高政治站位，自觉把家风建设摆在重要位置，严格遵守党章党规党纪。积极探索领导干部入户廉政家访制度，多维度了解党员干部特别是领导干部家庭生活、邻里关系和社交关系，发现家风方面有苗头性、倾向性问题的，及时提醒谈话、防微杜渐。严格党内政治生活，将家风建设情况纳入党的组织生活和民主评议，引导党员干部保持高尚品格和廉洁操守。

总之，领导干部家风不是个人小事、家庭私事，而是领导干部作风的重要表现。每一位领导干部都要把家风建设摆在重要位置，做到崇德治家、廉洁齐家、勤俭持家，推动形成爱国爱家、相亲相爱、向上向善、共建共享的社会主义家庭文明新风尚。

《光明日报》（2024年02月23日第06版）

在守正创新中推动廉洁家风建设

李文凯

良好家风是砥砺品行的"磨刀石"、抵御贪腐的"防火墙"。纪检监察机关要将廉洁家风建设作为加强廉洁文化建设的切入点、着力点,以纯正家风涵养党风政风、引领社风民风。

突出政治性,把稳廉洁家风建设正确方向

注重家风建设是党员干部必须遵循的廉洁纪律和行为规范。推进廉洁家风建设是全面从严治党在家庭领域的必然要求和具体体现,具有很强的政治属性,必须始终把握正确的政治方向。

强化正确思想引领。推进廉洁家风建设,必须坚持以习近平新时代中国特色社会主义思想为引领,贯彻落实习近平总书记关于注重家庭家教家风建设重要论述精神,并将其纳入本地区本单位全面从严治党总体格局,与党风廉政建设和反腐败斗争同谋划、同部署、同落实,确保方向不偏。

坚持党的统一领导。廉洁家风建设是一项系统工程，要建立健全党委集中统一领导、党政齐抓共管，纪检监察、宣传等各尽其职、协同配合，社会各方面共同参与的领导体制和工作机制，形成推进合力。

突出政治教育功能。廉洁家风建设内涵丰富，既要全面推进、系统推进，又要把握关键、突出重点。推进廉洁家风建设，要把思想政治建设摆在突出位置，教育党员干部树牢"四个意识"、坚定"四个自信"、做到"两个维护"。教育党员干部及其家属子女廉洁修身、廉洁齐家，构筑起不想腐的家庭防线。教育引导党员干部重品行、当楷模、作表率，带头践行社会主义核心价值观，带头弘扬共产党人的高尚品格和道德操守，以实际行动带动全社会崇德向善、风清气正。

注重传承性，厚植廉洁家风建设文化根基

家风建设具有独特的历史传承性、代际遗传性、社会传播性。推进新时代廉洁家风建设要注重追本溯源，善于挖掘并利用好中华优秀传统文化资源，厚植廉洁家风建设的思想根基。

从中华优秀传统文化中汲取精华。中华优秀传统文化中关于家教家风家规家训的内容博大精深、源远流长，几千年来积淀形成的为人重在诚信相待、为官重在清廉为民、子女教育重在德行培养等家教家风原则，为推进家风建设提供了丰厚滋养。山东作为儒家文化发祥地，往圣先贤、清官廉吏传承下来许多优秀家规家训，孝悌忠信礼义廉耻的文化基因世代相传。推进廉洁家风建设要善于从中

华优秀传统文化中汲取精华，在地方特色文化中挖掘优秀家规家训等廉洁文化元素，去伪存真、去粗取精，厚植廉洁文化底蕴，为廉洁家风建设注入源头活水。

从红色文化中赓续血脉。红色文化承载着党的优良传统，是涵养廉洁家风的精神源泉。推进廉洁家风建设，必须继承党的优良传统和红色基因，赓续共产党人的精神血脉。要教育引导党员干部及其家属子女继承革命先辈不怕牺牲、视死如归、革命理想高于天的坚定信仰，继承革命先辈吃苦在前、享乐在后、艰苦朴素的高尚品德，弘扬革命先辈从严管家治家的优良家风。

从时代楷模中传承美德。改革开放以来特别是党的十八大以来，党员干部中涌现出一大批清正廉洁、公而忘私、勤政为民、从严治家的时代楷模。要善于用当代先进模范教育当代人，用身边鲜活典型教育身边人，进一步选树并宣传各地党员干部先进典型，教育引导党员干部及其家属子女见贤思齐。

致力创新性，提升廉洁家风建设传播影响

推进廉洁家风建设要把握新时代新要求，善于推动廉洁文化创新性展现、创造性转化，在守正创新中推动廉洁家风建设与时俱进。

廉洁家风建设要有特色。推进廉洁家风建设，要立足本地文化资源，加大对本地保存完整、影响深远、特色鲜明的家规家训搜集力度，深入挖掘优秀家规家训家风中蕴含的廉洁思想和家国情怀，形成具有代表性的地方家风特色，展示历代乡贤廉吏家风故事，打造本地特色品牌。要充分发挥当地廉政文化的教育教化作用，教育

如何传承好家风

引导广大党员干部正心修身，廉洁齐家，自觉涵养新时代良好家风。

创新廉洁家风建设形式。要善于借助戏曲、电影、公益广告、动漫、雕塑、字画、楹联等多样载体，通过"我身边的家风故事""最美廉洁家庭评选"等活动，以喜闻乐见的形式，讲好廉洁家风故事。创新廉洁家风建设渠道。要用好党报党刊、教育基地等"线下"主阵地，开发网络宣传"线上"新阵地，坚持"线上""线下"齐发力，适应互联网传播规律，推进媒体深度融合，充分发挥"两微一端"新媒体平台等载体作用，引导广大群众评家风、议家规、晒家训，让"廉洁家风"飞入寻常百姓家。要打造精品教育阵地，大力推进廉德教育基地、家风家训馆、廉洁文化墙、廉政文化示范点建设，综合展示廉洁文化，组织党员干部及其家属子女身临其境接受廉洁教育，推动廉洁家风建设形象化、具体化。

《中国纪检监察报》（2022 年 03 月 10 日第 06 版）

新时代家庭家教家风建设的根本遵循

赵 林

"天下之本在国,国之本在家。"党的十八大以来,习近平总书记高度重视家庭家教家风建设,提出一系列新思想新观点新论断。由中共中央党史和文献研究院编辑的《习近平关于注重家庭家教家风建设论述摘编》(以下简称《论述摘编》)一书,收录了习近平总书记的相关重要论述。这些重要论述,科学回答了新时代家庭家教家风建设的一系列重大理论和实践问题,集中体现了习近平总书记对家庭家教家风建设的深邃思考。在深入开展学习贯彻习近平新时代中国特色社会主义思想主题教育和全国纪检监察干部队伍教育整顿之际,重温常学习近平总书记关于注重家庭家教家风建设重要论述,对于推动广大党员、干部自觉把实现个人梦、家庭梦融入国家梦、民族梦之中,汇聚亿万家庭力量奋斗新时代、奋进新征程,具有重要现实意义。

如何传承好家风

深刻理解家庭家教家风建设的重大意义

习近平总书记强调,"不论时代发生多大变化,不论生活格局发生多大变化,我们都要重视家庭建设,注重家庭、注重家教、注重家风"。党的二十大报告提出,"加强家庭家教家风建设"。家庭家教家风建设在推动国家发展、社会和谐、培养担当民族复兴大任的时代新人、全面从严治党等方面,具有无可替代的独特价值和重要作用。我们要不断深化对《论述摘编》重大意义的认识,提高学习贯彻的思想自觉和行动自觉。

家庭是国家发展、民族进步、社会和谐的重要基点。习近平总书记指出,"我们要重视家庭文明建设,努力使千千万万个家庭成为国家发展、民族进步、社会和谐的重要基点,成为人们梦想启航的地方。""无论时代如何变化,无论经济社会如何发展,对一个社会来说,家庭的生活依托都不可替代,家庭的社会功能都不可替代,家庭的文明作用都不可替代。"这些重要论述,从社会发展、民族进步和治国理政的高度来定位家庭,生动地揭示了家庭建设的当代价值和战略意义。家国同构、家国一体,是中国社会的组织特征。在中国人的观念中,"欲治其国者,先齐其家",齐家是治国的起点,家是国的缩小,国是家的放大。如果能将家庭治理好,推而广之,就为治理好国家奠定了基础。历史和现实已经证明,国运、家运休戚相关,家庭的前途命运同国家和民族的前途命运紧密相连。今天,家国同构、家国一体的传统在实现中华民族伟大复兴的进程中尤其具有现实意义。我们应当夯实民族复兴的家庭之基,充分发挥家庭在国家发展、民族进步、社会和谐中的基点作用,让个人、家庭与国家同向而行、同步发展。

注重家庭家教家风建设，是培养能够担当民族复兴大任的社会主义建设者和接班人的现实要求。培养德智体美劳全面发展的社会主义建设者和接班人，对于服务国家战略需要、加快建设人才强国、实现中华民族伟大复兴具有至关重要的意义。2018年11月，习近平总书记在同全国妇联新一届领导班子成员集体谈话时指出，"我在党的十九大报告中提出了培养担当民族复兴大任的时代新人的战略任务，妇联要围绕这个重大课题，在家庭工作中找准立德树人的切入点，帮助孩子扣好人生的第一粒扣子。"2022年6月，习近平总书记在四川考察时强调，"要推动全社会注重家庭家教家风建设，激励子孙后代增强家国情怀，努力成长为对国家、对社会有用之才"。党的二十大报告强调，"着力培养担当民族复兴大任的时代新人"。这些重要论述，站在党和国家事业发展薪火相传、后继有人的战略高度，把家庭家教家风建设提到了新的高度。培养担当民族复兴大任的时代新人是教育工作的根本任务，也是教育现代化的方向目标，而家庭作为社会的基本细胞和人生的第一所学校，是培养时代新人的起点和关键环节，具有天然优势和特殊作用。新时代的家庭家教家风建设，要以培养担当民族复兴大任的时代新人为着眼点，从家庭做起，从娃娃抓起，教育引导后代把党和国家确定的奋斗目标作为自己的人生目标，做新时代的追梦人。

中华民族传统家庭美德是支撑中华民族生生不息、薪火相传的重要精神力量，是家庭文明建设的宝贵精神财富，也是我们坚定文化自信的重要源泉。中华民族历来重视家庭。数千年来积淀形成了在家尽孝、为国尽忠，尊老爱幼、妻贤夫安，母慈子孝、兄友弟恭，耕读传家、勤俭持家，知书达礼、遵纪守法等中华民族传统家庭美德。这些家庭美德历经岁月洗礼而不褪色，早已深深融入中国人的血脉里。革命战争年代"母亲教儿打东洋，妻子送郎上战场"，社会主义建设时期"先大家后小家、为大家舍小家"，都体现着高尚的家国情怀。今天，尽管时代变化很大，但中华民族传统家庭美德作为连接个人与家庭、家庭与社会、社会与民族的精神纽带，其蕴含的人文精神、道德示范，依然是中国人安身立命的文化基因，是塑造社会风气的重要文化资源。我们要加强对传统优良家风家训典籍、历史先贤家教故事的系统整理，合理吸收中华传统家训家规的精华，并推动其创造性转化、创新性发展，不断赋予其新的时代内涵，使之与现代文化、现实生活相融相通，为推进新时代家庭家教家风建设提供丰厚滋养。

好家风是全社会好风气的重要基础。习近平总书记指出，"我们着眼于以优良党风带动民风社风，发挥优秀党员、干部、道德模范的作用，把家风建设作为领导干部作风建设重要内容，弘扬真善美、抑制假丑恶，营造崇德向善、见贤思齐的社会氛围，推动社会风气明显好转。"家风是社会风气的重要组成部分，连着党风、政风、社风，彼此相互影响、相互渗透。一个社会的良好民风以千千万万家庭的良好家风为基础，一个执政党的良好党风政风也与广大领导干部的良好家风密切相关。"官德如风，民德如草"，领导干部作为"关键少数"，是治国理政的骨干力量，其家风不仅关系个人之进退、一家之荣辱，而且对整个党风政风社风民风都有着极强的示范效应。

这就要求各级领导干部把家风建设作为人生必修课，时时、事事、处处带头抓好家风、做家风建设的表率，明大德、守公德、严私德，以好家风涵养好作风。

不断深化对家庭家教家风建设的规律性认识

《论述摘编》分七个专题，从历史传统、品德教育、家风建设、社会主义家庭文明新风尚等角度，全面反映了习近平总书记关于家庭家教家风建设有关重要论述的精髓要义，进一步深化了对家庭家教家风建设的认识，为我们做好新时代家庭家教家风建设提供了科学指南。

家风建设是领导干部作风建设的重要内容，也是全面从严治党的重要抓手。领导干部的家风问题不仅是道德问题，也是党性问题、作风问题。党的十八大以来，以习近平同志为核心的党中央高度重视家庭家教家风建设，把领导干部的家风建设提到前所未有的高度。习近平总书记指出"领导干部的家风，不是个人小事、家庭私事，而是领导干部作风的重要表现"，强调"我们每个人都有自己的家庭。健康的家庭生活，可以滋养身心，激励领导干部专心致志工作。反过来，领导干部的思想境界和一言一行，又直接影响着家庭其他成员，在很大程度上决定着自己的家风家貌。群众看领导干部，往往要看领导干部亲属和身边工作人员，往往从这里来判断领导干部是否廉洁奉公，进而从这里来看党风廉政建设的成效"。这些精辟论述，基于对党内存在突出问题的敏锐洞察和管党治党规律的科学把握，深刻阐明了以家风建设推动全面从严治党的内在机理，具有极强的

如何传承好家风

现实针对性。从近年来查处的腐败案例看，家风败坏往往是领导干部走向严重违纪违法的重要原因。领导干部的作风与家风紧密相连，二者一体两面、互为表里。这就要求我们，推进全面从严治党必须把家风建设作为重要抓手，引导领导干部培育好家风、涵养好作风。

推动形成爱国爱家、相亲相爱、向上向善、共建共享的社会主义家庭文明新风尚。没有国家繁荣发展，就没有家庭幸福美满。同样，没有千千万万家庭幸福美满，就没有国家繁荣发展。习近平总书记指出，"我们要积极培育和践行社会主义核心价值观，弘扬中华民族传统美德，把爱国和爱家统一起来，把实现个人梦、家庭梦融入国家梦、民族梦之中。"中华民族伟大复兴的中国梦，既是让中国成为社会主义现代化强国的国家梦、让中华民族为人类发展做出更多更大贡献的民族梦，也是让每一个中国人实现人生出彩的人民梦。我们要在全社会大力弘扬家国情怀，弘扬爱国主义、集体主义、社会主义精神，推进社会公德、职业道德、家庭美德、个人品德教育，倡导爱国、敬业、诚信、友善等道德规范，培育知荣辱、讲正气、作奉献、促和谐的良好风尚。

家庭教育最重要的是品德教育。习近平总书记指出，"家庭是人生的第一个课堂，父母是孩子的第一任老师。孩子们从牙牙学语起就开始接受家教，有什么样的家教，就有什么样的人。家庭教育涉及很多方面，但最重要的是品德教育，是如何做人的教育。"2022年6月，习近平总书记在四川眉山三苏祠考察调研时再次强调，"家风家教是一个家庭最宝贵的财富，是留给子孙后代最好的遗产"。古语云，"爱子，教之以义方"，"爱之不以道，适所以害之也"。品德教育本质上是人格素质教育，是触及心灵和灵魂的教育。自古以来，我们孟母三迁、岳母刺字、画荻教子等广为流传的故事，都是古代家庭重视品德教育的生动体现。历史上很多家族之所以人才辈出，与良好的家风家教大有关系。当前，社会结构深刻变动、思想文化日趋多样，家庭家教家风建设面临新的挑战。广大家庭要重言传、重身教，教知识、育品德，身体力行、耳濡目染，帮助孩子扣好人生的第一粒扣子，迈好人生的第一个台阶，引导他们有做人的气节和骨气，帮助他们形成美好心灵，促进他们健康成长，长大后成为对国家和人民有用的人。

深刻把握家庭家教家风建设的实践要求

习近平总书记指出，"要积极回应人民群众对家庭建设的新期盼新需求，认真研究家庭领域出现的新情况新问题，把推进家庭工作作为一项长期任务抓实抓好。"习近平总书记关于家庭家教家风建设的重要论述，既有总体要求，也有重点抓手，具有鲜明的时代性、实践性。新时代新征程上，我们要深刻践行习近平总书记关于家庭家教家风建设的重要论述，不断提高家庭家教家风建设的实效性。

严格要求亲属子女，过好亲情关。习近平总书记指出，"每一位领导干部都要把家风建设摆在重要位置，廉洁修身、廉洁齐家，在管好自己的同时，严格要求配偶、子女和身边工作人员。"这一重要论述，为新时代共产党人涵养良好家风指明了努力方向和实践途径。"其身正，不令而行；其身不正，虽令不从。"领导干部不仅要自身过得硬，还要管好家属和身边工作人员。对领导干部而言，能不能过好亲情关特别是家属子女关，是个严峻的现实考验。很多领导干部什么关都能过，但亲情关过不去，最后栽在了这个问题上。领导干部首先要带头注重家庭、家教、家风，讲党性、重品行、作表率，保持共产党人的高尚品格和廉洁操守，以实际行动带动全社会崇德向善、尊法守法。同时，要廉洁齐家，对于家人身上的苗头性问题，要早教育、早制止、早纠正，远离贪腐、洁身自好。时刻警惕别有用心的人"围猎"，坚决防止"枕边风"成为贪腐的导火索，防止子女打着自己的旗号非法牟利。

继承和弘扬革命前辈的红色家风。重视家庭建设，注重家风家教，是我们党的优良传统。在培育良好家风方面，老一辈革命家为我们作出了榜样。习近平总书记在会见第一届全国文明家庭代表时强调，各级领导干部特别是高级干部要"继承和弘扬革命前辈的红色家风，向焦裕禄、谷文昌、杨善洲等同志学习，做家风建设的表率，把修身、齐家落到实处"。红色家风是老一辈无产阶级革命家和各个时代的优秀共产党人在长期革命实践、社会主义建设和改革开放历史进程中形成的家庭风尚，是中国共产党人优良传统的重要组成部分。老一辈革命家崇高而坚定的理想信念、不谋私利的廉洁精神、知行合一的以身示范，时时刻刻激励并警醒着所有共产党人，不仅有利于锻造中国共产党人的优良党风政风，还对引领社风民风具有重要作用。新时代的共产党人，要自觉传承红色家风，在干事创业中注入更多奋发向上的精神力量。

推动社会主义核心价值观在家庭落地生根。习近平总书记强调，"核心价值观是一个民族赖以维系的精神纽带，是一个国家共同的思想道德基础"，培育和践行社会主义核心价值观要"从家庭做起，从娃娃抓起"。新时代加强家庭家教家风建设是一项基础性的社会工程，我们要坚持以社会主义核心价值观为统领，在家庭建设中追求"富强、民主、文明、和谐"的价值目标，认同"自由、平等、公正、法治"的价值取向，践行"爱国、敬业、诚信、友善"的价值准则，将国家、社会、个人层面的价值要求贯穿到家庭家教家风建设全过程，融入家庭教育的日常生活细节，引导家庭成员形成适应新时代要求的思想观念、精神风貌、文明风尚、行为规范，使家庭建设成为践行社会主义核心价值观的重要途径和有效载体。

《中国纪检监察报》（2023年08月10日第05版）

如何传承好家风

树立良好家教家风
构建清廉社会生态

广东省纪委监委宣传部课题组

二十届中央纪委二次全会强调，加强新时代廉洁文化建设，树立良好家教家风，营造和弘扬崇尚廉洁、抵制腐败的良好风尚，构建清廉社会生态。近期，广东省纪委监委宣传部对全省学习贯彻习近平总书记关于家庭家教家风建设重要论述、开展家庭家教家风建设情况进行了专题调研和实践总结。

突出政治引领，把家庭家教家风建设纳入全面从严治党总体部署

广东省把家庭家教家风建设纳入全面从严治党总体部署，统筹谋划、高位推进，全省各级领导干部认真学习领会习近平总书记关于家庭家教家风建设的重要论述，带头严格家风家教，以上率下示范带动党员干部廉洁修身、廉洁齐家。

树立良好家教家风　构建清廉社会生态

高位统筹部署。广东省委高度重视家庭家教家风建设，在省委每年举办的领导干部党章党规党纪培训班上，省委主要领导对全省领导干部提出严守纪律要求、认真落实中央八项规定精神、反对特权思想、严格家教家风、管好亲属子女和身边工作人员的明确要求。省纪委监委连续两年在全会期间对家庭家教家风建设进行部署，2022年把对党忠诚纳入家庭家教家风建设并细化落实措施，2023年对推动深化廉洁文化进家庭进行统筹安排。中共中央办公厅印发《关于加强新时代廉洁文化建设的意见》后，省纪委监委认真抓好贯彻落实，建立健全协调机制，多次到省委宣传部、省教育厅、省文化和旅游厅、省总工会、省妇联等省直单位调研走访、座谈协商，推动把廉洁家风建设融入文化强省、岭南文化"双创"工程部署落实。省委宣传部、省文明办、省妇联等常态化开展寻找广东"最美家庭"活动，每年评出广东省十大最美家庭和百户最美家庭，广泛动员广大家庭参与家庭家教家风建设。广州、深圳等地印发关于加强领导干部家风建设的指导意见，制定实施方案，从制度上实现各部门通力协作、同向发力。

强化理论武装。省纪委常委会带头落实"第一议题"制度，专题学习习近平总书记关于家庭家教家风建设的重要论述，深刻认识新时代新征程推进家庭家教家风建设的重大意义，研究贯彻落实措施，以实际行动坚定拥护"两个确立"、坚决做到"两个维护"。2023年6月，省委办公厅印发《全省开展纪律教育学习月活动的意见》，将加强领导干部家庭家教家风建设纳入全省第32个纪律教育学习月活动安排，明确要求各级党组织将深入学习习近平总书记关于家庭家教家风建设的重要论述作为学习重要内容,各级党组织通过理论学习中心组学习、举办读书班、开展交流研讨等形式,学原文悟原理,获取家风建设的营养和动力。省纪委监委围绕学习贯彻习近平总书记关于家庭家教家风建设重要论述、开展家庭家教家风建设等情况,开展督导调研,推动全省党员干部进一步强化理论武装,不断夯实廉洁家风建设基础。

示范引领推动。省委常委会每次听取省纪委监委案件汇报时,都对深刻汲取案件家风教训、强化警示教育提出要求。在2023年全省第21期领导干部党章党规党纪教育培训班上,省委主要领导带头作动员,要求全省党员干部带头在修身律己、秉公用权、廉洁齐家上作表率,100多名省管单位"一把手"和400多名市、县级领导干部集中接受教育。省纪委监委主要负责同志围绕"坚持自我革命,严格家教家风,当好良好政治生态和社会风气的引领者、营造者、维护者"主题作辅导报告,要求党员干部深刻认识家风优良的极端重要性,结合剖析焦兰生、顾幸伟、江楷鑫、邱晋雄等人违纪违法案件,高度警惕"信仰缺失、愚昧昏聩""任人唯亲、裙带腐败""家族腐败、衙内腐败""亲情错位、放纵宠溺""大搞特权、比富斗狠""格调低下、腐化堕落"等6类不良家风的极端危害性,以强烈的自我革命精神查摆检视问题、汲取深刻教训,管好自己和家人,涵养新时代共产党人的良好家风。同时,在培训班上播放警示教育片,把党的二十大以来查处的5名市委书记、11名县委书记的家风问题作为重点专题剖析,各地市组织班子成员及党员干部观看,将严格家教家风要求传导到每一个人。各市县参照省级做法,层层举办教育培训班，将家风建设作为重要内容，纪委书记作专题辅导报告，形成一级领学一级、一级带动一级、共学共建廉洁家风的生动局面。

强化系统思维，把一体推进"三不腐"理念贯穿家庭家教家风建设全过程

全省各级纪检监察机关坚持用一体推进"三不腐"理念推动家庭家教家风建设，将建设廉洁家风要求贯穿监督检查、审查调查、警示教育、以案促改全过程，"全周期"筑牢家庭廉洁防线。

严查家风不正，加强"不敢腐"的震慑。省纪委监委深入开展领导干部配偶、子女和近亲属经商办企业、参与资金借贷等违规行为专项治理，严查家风不正的典型案件，坚决查处领导干部亲属和身边工作人员利用影响力谋私贪腐问题。如，2021年以来全省有90多名省管干部被移送司法机关审查起诉，其中涉及家属、亲属的占近三成。省纪委监委查处的湛江市委原书记郑人豪、省政府原副秘书长曹达华、南方医科大学原党委书记陈敏生等违纪违法省管干部，都存在不良家风家教问题。在审查调查过程中，注重突出家风问题剖析，既让审查调查对象心服口服，又对涉案人员及家属进行面对面教育，扩大思想政治工作"战果"，让审查调查对象及其家属感受到组织的温度。

严格日常监督，扎紧"不能腐"的笼子。省纪委监委推动将家风教育纳入各级党校（行政学院）培训安排、纪律教育学习月活动、述责述廉、党组织生活的重要内容，贯穿日常教育、党性教育、纪

如何传承好家风

律教育、廉洁教育全过程，推动家风教育持续开展；常态化开展新提拔和交流任职省管干部的教育提醒监督，面对面提醒严守中央八项规定精神，严格管好家属和身边人，扣好履新"第一粒扣子"。各地市纪委监委认真开展对新任职市管干部的廉政谈话工作，各派驻（出）机构负责同志定期与监督联系部门"一把手"和班子成员谈心谈话，将家风建设情况作为必谈内容；组织开展领导干部述责述廉，明确要求将执行廉洁纪律情况、家风建设情况作为述责述廉重要内容；严格落实领导干部个人有关事项报告制度，严格规范和监督领导干部配偶、子女经商办企业行为。

严实以案促改，筑牢"不想腐"的堤坝。针对查处的不良家风导致的典型腐败案件，总结类型特点，深刻剖析原因，将领导干部家属、亲属经商办企业情况作为巡视重要内容；出台督促召开以案促改专题民主生活会的相关办法，对涉及家风不正的案件要求深入剖析检视；指导连续发生"一把手"严重违纪违法问题的肇庆、湛江和廉江、普宁等市县深入分析政治生态，省市两级纪委监委联动督促召开以案促改专题民主生活会，剖析家风不正原因，提出有效对策。各地用好用活案例资源，综合运用通报曝光、拍摄警示教育片、编印违纪违法党员干部忏悔录、参观警示教育基地、组织旁听庭审等方式，持续用"身边人身边案"敲响家风建设警钟。在主题教育期间将家风问题作为重要内容，省纪委监委选取家风不正的18名原省管"一把手"忏悔书，将查处存在家风问题的11名县委书记案例拍摄制作警示教育片。加强正面引导，省纪委监委开展全省家庭家教家风建设情况调研，制发《致全省纪检监察干部家属的一封信》，召开专题座谈会；各地市纪委监委组织召开"廉洁齐家·共建铁军"干部家属座谈会，赠送家风家教读本，安排干部和家属一起观看警示教育片、反腐题材话剧等，唤醒初心使命，释放家风教育治本功能。

深挖文化内涵，以清廉家风涵养清朗党风政风、社风民风

广东有着深厚的历史文化底蕴、丰富的家风建设资源，各地深挖资源、建强阵地，厚培廉洁土壤、涵养新风正气，推动建设具有岭南文化特色的廉洁家风，为广东在推进中国式现代化建设中走在前列提供有力支撑。

用岭南文化滋养厚植廉洁家风之根。广东是岭南文化的中心、古代海上丝绸之路的发祥地，历史上先后涌现出一大批品行高洁、克己奉公的清官廉吏。省纪委监委深入学习习近平文化思想，挖掘在广东出生或任职的张九龄、苏轼、韩愈、刘禹锡、包拯、吴隐之等24位岭南清官的勤廉故事，编撰《廉润南粤》教育读本、制作"廉通古今"水墨长图，拍摄微视频，让廉洁典范深入人心，为廉洁家风建设提供深厚的传统文化资源。各地以具有岭南文化特色和家风家教资源优势的村（居）、家风家训馆、名人故居、宗祠等为依托，打造家风家教教育基地或专区形成阵地集群，通过走访宣传名人故居或纪念馆、拍摄制作"清廉家风故事"系列微视频的形式讲述优良家风故事。如，肇庆市深挖包拯任端州知府的勤廉事迹，以原包公祠为基础建设包公文化园，挖掘包公37字家训深刻内涵，创排廉政音乐剧《青天之端》，"包公掷砚成洲""包公不持一砚归"的故事

在广东家喻户晓。又如，韶关市纪委监委发掘清官廉吏、历史名人的家风故事，编写《韶关清廉家风录》，深挖"梅关古道—珠玑古巷"家风家训资源，打造广府家训馆，以丰富展陈传承广府家风文化。

用革命文化浸润铸牢廉洁家风之魂。广东是全国最早建立中国共产党地方组织的地区之一，具有丰厚的红色文化资源，涌现出了陈延年、彭湃、杨匏安、杨殷、阮啸仙等一大批视死如归、公而忘私的革命英雄人物。省纪委监委拍摄反映革命时期广东党组织纪律建设历程的历史文献片《淬炼》，拍摄反映中国共产党第一个地方纪律监督机构诞生历程的历史文献片《木棉花开》，用我们党早期领导人的家风教育感染广大党员干部。深挖出生地主家庭但为了理想信念投身革命的农民运动实践者彭湃、富裕华侨家庭出身的工运领袖杨殷等43位出生或曾任职广东的红色人物的勤廉故事，编撰《勤廉风范》教育读本，淬炼对党忠诚、甘于奉献的家风文化。

用社会主义先进文化熏陶涵养廉洁家风之气。广东省得改革开放风气之先，敢闯敢试、敢为人先的创新精神生生不息。省纪委监委总结提炼新时代全面从严治党成功经验，丰富发展新时代廉洁文化思想内涵，着力推动党员干部带头践行社会主义核心价值观，弘扬爱国爱家、为政清廉、干事创业的家风文化。如，倡导宣传为国家核潜艇事业隐姓埋名30年的"黄旭华式"人生观价值观，以黄旭华为原型创排话剧《深海》在全国累计演出近百场，受到广泛好评。将家庭家教家风建设融入火热实践，旗帜鲜明为担当作为者撑腰鼓劲，推动制度规范、廉洁文化与乡规民约相结合，营造风清气正、干事创业氛围。如，佛山市紫南村在村党支部书记带领下蝶变为"全

树立良好家教家风　构建清廉社会生态

国文明村",为乡村振兴提供了实践样本,村里的广府家训馆、佛山好人馆、紫南村史馆发挥着重要的家风文化建设引擎作用。

用新时代新风正气巩固夯实廉洁家风之基。习近平总书记寄望广东在推进中国式现代化建设中走在全国前列,新一届省委班子以高质量发展为牵引,提出"锚定一个目标,激活三大动力,奋力实现十大新突破"的广东现代化建设具体部署,新目标新内涵新发展为家庭家教家风建设提供了全新的实践平台。聚焦现代化建设新风正气,省纪委监委以《南方日报》等省内主要媒体和南粤清风网为阵地,开设"清风正气看广东"新风宣传专栏,持续深化廉洁文化、廉洁家风宣传;组织"我的廉洁家风故事"主题征文活动,收到来自全国29个省区市等来稿4200多篇,各地市纪委监委纷纷同题开展主题征文、演讲比赛等活动,挖掘出一大批优秀家风家训、感人家风故事;协调推动宣传文化单位举办"廉润南粤"廉洁文化全省演出,开展廉洁文化主题电影免费展映1000余场,各地各部门通过发放倡议书、组织观看微电影、集体签名承诺等方式,积极开展家庭助廉活动,为现代化建设增添更多廉动力。

《中国纪检监察报》(2024年01月04日第07版)

如何传承好家风

加强家庭家教家风建设

宋福龙

开展主题教育、抓实以学正风,必须深学细悟习近平总书记关于家庭家教家风建设的重要论述,管好自己和家人,过好亲情关,以严格家庭家教家风的实际行动坚定拥护"两个确立"、坚决做到"两个维护"。

深刻认识加强家庭家教家风建设的重大意义

加强家庭家教家风建设,是弘扬伟大建党精神、赓续红色血脉的现实需要。习近平总书记指出,在培育良好家风方面,老一辈革命家为我们作出了榜样。一百多年来,我们党一步步发展壮大,对各级领导干部带头抓好家庭家教家风建设的要求始终如一,孕育出独特的红色家风文化。红色家风蕴含着坚守信仰、对党忠诚的家国情怀,蕴含着人民至上、不负人民的初心使命,蕴含着勤俭节约、艰苦奋斗的持家传统,蕴含着律己修身、不搞特殊的清廉本色,是

加强家庭家教家风建设

中国共产党永不褪色的"传家宝"。走好新时代新征程的赶考之路，必须弘扬革命先辈的好家风好传统，廉洁修身、廉洁齐家，做家庭家教家风建设的表率。

加强家庭家教家风建设，是坚持"两个结合"、守好中华优秀传统文化根脉的内在要求。中华民族历来重视家庭温情、家风传承、家国天下。习近平总书记多次引用《游子吟》，提醒领导干部不要在遥远的距离中割断了真情，不要在日常的忙碌中遗忘了真情，不要在日夜的拼搏中忽略了真情；用"积善之家必有余庆；积不善之家必有余殃""心术不可得罪于天地，言行要留好样与儿孙"借古鉴今，告诫领导干部教育子女要言传身教、身体力行；用"家是最小国，国是千万家""修身齐家治国平天下"阐述中国人民高尚的家国情怀，要求领导干部崇尚天下为公、克己奉公，常想党之安危，常思国之兴衰，常念民之冷暖。领导干部要从中华优秀传统文化中汲取养分，做到重真情、重大义，崇德治家、清风传家。

加强家庭家教家风建设，是一体推进"三不腐"、纵深推进全面从严治党的重要举措。党的十八大以来，以习近平同志为核心的党中央坚持严管和厚爱相结合，把"三不腐"理念贯穿家庭家教家风建设全过程。在"不敢腐"方面，把领导干部自身贪腐和"衙内腐败"交织作为查处重点，严查不良家风背后的腐败问题。在"不能腐"方面，完善《领导干部配偶、子女及其配偶经商办企业管理规定》《领导干部报告个人有关事项规定》等党内法规，制度笼子越扎越紧。在"不想腐"方面，印发《关于进一步加强家庭家教家风建设的实施意见》《关于加强新时代廉洁文化建设的意见》等文件，教育领导干部从思想上正本清源、固本培元，过好家庭关、亲情关。领导干部要增强自我革命的思想自觉、政治自觉、行动自觉，把家庭家教家风建设作为砥砺品行的"磨刀石"、抵御贪腐的"防火墙"，不断筑牢拒腐防变的家庭防线。

加强家庭家教家风建设，是锤炼过硬作风、奋力实现习近平总书记赋予广东新的使命任务的有力支撑。习近平总书记指出，健康的家庭生活，可以滋养身心，激励领导干部专心致志工作。领导干部的家风与个人作风形象、干事创业精气神息息相关。培育积极向上的家风、坚强牢固的"大后方"，领导干部才能放开手脚、心无旁骛干事创业。当前，广东省正在深入学习贯彻习近平总书记考察广东重要讲话精神和重要指示精神，省委十三届三次全会作出"1310"具体部署，鲜明提出锚定一个目标、激活三大动力、奋力实现十大新突破。谱写广东现代化建设新篇章，迫切需要各级领导干部深入学习贯彻习近平总书记关于家庭家教家风建设的重要论述，培育优良家风，锤炼过硬作风，巩固发展风清气正的政治生态，以"再造一个新广东"的闯劲、干劲、拼劲向着新的目标再出发，为广东在推进中国式现代化建设中走在前列作出应有的贡献。

高度警惕不良家风的极端危害性

习近平总书记指出"家风败坏往往是领导干部走向严重违纪违法的重要原因"，强调"把家风建设作为领导干部作风建设重要内容"。从近年查处的案件来看，家风败坏容易成为滋生腐败的温床。领导干部要自觉对照检查，高度警惕不良家风。

一是警惕信仰缺失、愚昧昏聩。领导干部不信马列信鬼神，不靠组织靠骗子，妄想通过求神拜佛光宗耀祖、后代兴旺，不仅伤害家庭和自身，更给党组织抹黑，必须坚决破除。

二是警惕任人唯亲、裙带腐败。搞"近亲繁殖""封妻荫子"，严重败坏选人用人风气，造成"劣币驱逐良币"现象，污染党内政治生态，必须坚决防范。

三是警惕家族腐败、"衙内腐败"。领导干部自身贪腐与"衙内腐败"交织，以手中权力支配社会资源，严重扰乱经济秩序，破坏社会公平正义，必须严肃惩处。

四是警惕亲情错位、放纵宠溺。用物质补偿代替精神陪伴，用权力加持代替家庭培养，错把溺爱当疼爱，看似温情脉脉，实则百害无一利，必须高度警醒。

五是警惕大搞特权、比富斗狠。领导干部及其家属特权张扬、晒权比阔，影响党群干群关系，损害党和政府形象，甚至激化社会矛盾，必须从严处理。六是警惕格调低下、腐化堕落。领导干部生活作风不检点、生活情趣不健康，反映出其精神颓废、道德缺失，败坏家风、有辱家门，影响党风政风、社风民风，必须时刻防范。

习近平总书记反复强调注重家庭家教家风，一再提醒党员、干部要带头树立良好家风，加强对亲属和身边工作人员的教育和约束。我们要把领导干部家庭家教家风建设摆在重要位置，严肃查处领导干部配偶、子女及其配偶等亲属和身边工作人员利用影响力谋私贪腐问题，督促市县两级党委全覆盖召开以案促改专题民主生活会，将家风不正问题作为重要对照检查内容，教育引导领导干部强化家庭家教家风建设，以纯正家风带动党风政风社风向好向善。

涵养新时代共产党人的良好家风

奋进新征程，建功新时代，领导干部必须始终牢记习近平总书记谆谆教诲，经常对标对表，把优良家风的培育作为检验主题教育成果的重要方面，自觉当好良好政治生态和社会风气的引领者、营造者、维护者。

夯实对党忠诚的家风基石。党员领导干部要把对党忠诚纳入家庭家教家风建设，引导亲属子女坚决听党话、跟党走。以自己的表率作用教育引导家属深刻领悟"两个确立"的决定性意义，自觉增强"四个意识"、坚定"四个自信"、做到"两个维护"，始终做政治上的明白人。坚持从党性原则出发，经常检视家属的日常言行，对大是大非问题要有坚定立场，对背离党性的言行要有鲜明态度，不能听之任之、置身事外，帮助他们明辨是非，自觉抵御不良风气的侵蚀。

坚持廉洁齐家的家风底线。领导干部要注重培育清廉家风，教育督促亲属子女和身边工作人员守纪法、讲规矩、走正道。深刻吸取领导干部因为家风不廉导致家破人亡的惨痛教训，坚决防止配偶、子女身上出现由风及腐、风腐一体的"五种嗜好"：谨防嗜好摆谱充大，坚决纠正家属自恃权势、自命不凡的特权思想，坚决制止摆架子、逞威风的特权行为；谨防嗜好攀比炫耀，纠正家属讲排场、爱虚荣，热衷于攀比吃穿住行等错误思想言行；谨防嗜好低级趣味，时刻留意家属有没有打牌赌博、贪杯酗酒、沉迷网络游戏等不良习气；谨防嗜好不义之财，牢记当官就不要发财、发财就不要当官，教育家属对不义之财莫伸手；谨防嗜好呼朋唤友，和家属一道严守政商交往界限，坚决抵御糖衣炮弹的攻击。

落实严管严治的家教要求。领导干部要秉持严管就是厚爱，坚决守住亲情关，严格家教家风，不为亲情所累，既要自己以身作则，又要对亲属子女看得紧一点、管得勤一点。处理好"三对关系"：一是情与理的关系，做到既有人情味又按原则办事，坚持党的原则第一，对亲属提出的不合理要求敢于说"不"；二是严与宽的关系，一旦发现苗头性问题，必须严肃指出、猛击一掌；三是权与法的关系，加强对亲属的教育约束，引导亲属时刻把党纪国法刻印在心，防止亲属利用权力谋取非法利益。

树牢以身作则的家庭榜样。领导干部的言行举止，家属看在眼里、记在心里，好的行为会代代相传。领导干部一定要重视家教家风，以身作则管好配偶、子女，本分做人、干净做事，时时处处事事给家人做榜样。知行合一，要求家属做到的自己首先做到，要求家属不做的自己首先不做。表里如一，家里家外严格要求自己，做到"暗室不欺"。始终如一，点滴积累、久久为功，把优良家风培育起来、传承下去。

《学习时报》（2023年10月11日第01版）

新时代家风建设的概念、意义与路径

叶文振

党的二十大报告提出,"要加强家庭家教家风建设。"在习近平总书记关于"三个注重"家庭建设重要论述精神的指导下,正确理解家风和家风建设概念、深入认识新时代家风建设的意义,探索其实现路径,能更好地贯彻落实党的二十大精神、推动形成新时代社会主义家庭文明新风尚。

家风建设的概念

家风一词,始见于西晋潘岳的《家风诗》,即通过歌颂祖德、称美自己的家族传统以自勉。《辞海》将其解释为,"犹门风。指一家的传统习惯、生活作风等。"所以,家风建设的本质是以立德为本的家庭文化建设,体现在三个维度,即精神指向,突出家庭精神境界;价值判断,突出家庭价值认同;行为准则,突出家庭行为规范。

从呈现形式来看，家风通常以生活经验、实践智慧或价值理念的形式蕴含于家训、家规、族谱等文献载体中，也以实践理性的样态渗透在家庭成员的日常行为中。因此，家风既是动态积淀的家庭传统，也是静态存在的家庭规制，在很大程度上决定了家风建设的动态性、多样性、规范性，尤其是时代性和引导性。

站在新时代观察家风建设，需要正确处理家庭内部的家风建设和家庭制度建设、家教建设的关系，以及家庭外部的家风建设和社会风气的关系。实际上，家庭的制度建设、家教建设和家风建设是三位一体、互为包含、转换和推进的家庭建设综合工程。比如，家教的理念、对象、方式和内容，也是家风的一个组成部分或者体现形式；又如，家风与家规更是相互衍生的关系，家风可以具体化为家规，家规成了家风的表现形式，而家规也可以引导和形成家风。家庭的制度力量、文化力量和教育力量正向汇聚到一起，形成一种成熟和完善的家庭治理机制，保障和强化了一个家庭的和谐度、凝聚力和稳定性，也预示着一个家庭更加美好的命运和未来。另外，家风是社会风气的重要组成部分，二者在开放、双向互动中，沿着家风、乡风、区域文化的路径，发展成为一个国家的民族性和国民性。所以，就有了把社会主义家庭文明新风尚引入到家庭，贯穿到家风建设全过程的家风建设的理论和实践逻辑。

家风建设的意义

新时代为我国家风建设注入了更为丰富和重要的意义和价值，依我之见，至少可以体现在以下几个方面：

如何传承好家风

一是发扬光大我国家庭文化的优良传统。中华民族素有重家庭、讲家风的优良传统,在几千年历史演进中积淀发展成为一种富有民族特色的家风文化。尊老爱幼、妻贤夫安、母慈子孝、兄友弟恭,耕读传家、勤俭持家、知书达理、遵纪守法,家和万事兴等中华民族传统家庭美德,已深深融入中国人的血脉中,是支撑中华民族生生不息、薪火相传的重要精神力量,引导和维护着千家万户的和谐幸福,推动着社会良好风气的养成,强化着中华民族赖以生存和发展的道德根基和价值基础。显然,家风建设十分有利于把家庭最宝贵的精神财富转化为家庭建设、社会发展和人民幸福的新时代红利。

二是坚持和强化党对家庭建设与发展的领导。中国共产党成立百余年来,始终把人民的利益摆在高于一切的位置上,把家庭的价值放在党的事业议程上,正是对家庭建设的呕心沥血、对家庭幸福的鞠躬尽瘁,赢得人民对党的爱戴和信任,共同讲述了一个感人的爱家、爱国和爱党彼此交融、家国情怀浓厚、党民关系密切的中国家庭故事;我国家庭的建设和发展也在理论和实践上说明坚持党的全面领导的历史必然性和道路正确性。家风建设会在家庭文化建设和提升层面贯彻和落实党的新时代家庭工作的新理念、新思路和新举措;把党领导下为家庭建设和幸福制定的一系列法律、政策和规划纲要转化为社会主义家庭文明新风尚形成和发挥作用的内容要素和动力机制。

三是坚持和深化习近平新时代中国特色社会主义思想的指导。习近平总书记关于注重家庭家教家风建设论述,如为父亲祝寿倾情写下的长篇家信、《习近平关于注重家庭家教家风建设论述摘编》、

《习近平走进百姓家》的温暖话语，既是习近平总书记身体力行的新时代家风建设的实践典范，又是马克思主义家庭观中国化时代化的最新成果，为新时代家风建设阐明了意义、指引了方向。家风建设能全力推动"爱国爱家、相亲相爱、向上向善、共建共享"社会主义家庭文明新风尚的形成，为世界家庭建设和发展提供一个可供借鉴和推广的中国方案。

四是更好地应对家风建设面临的时代挑战。对外开放以来，西方家庭思想和模式的影响，流动、留守家庭的结构分解和功能弱化，都在一定程度上造成家风意识淡化、家风方向偏离、家风作用减弱、家风互动脱节等家风建设新问题，并外溢到家庭制度建设和家教建设中，不仅直接影响着许多家庭的稳定和幸福，而且加大基层社会治理的难度。可以说，习近平总书记提出推动形成社会主义家庭文明新风尚真是恰逢其时。家风建设聚焦了在家庭建设上表现出来的人民群众急难愁盼的问题，推进家风建设，一定会助力解决这些问题，充分发挥中国家庭建设和发展的制度和理论优势，放大家庭生活的获得感和幸福感。

家风建设的路径

习近平总书记已为我们指明了如何推进家风建设的正确路径。在具体实践中，我们需要在以下几个方面着力：

首先，要深化对习近平总书记关于注重家庭家教家风建设论述的学习和理解，为实际推进家风建设奠定更坚实的理论基础，提升思想自觉，掌握知识方法。结合党的二十大精神、党领导中国家庭建设的百年实践、中华民族家风建设的历史积淀，站在"家是最小国、国是千万家""家风关系党风政风"的高度，深刻领会和把握习近平总书记关于家风建设重要论述的精神实质，提高对新时代家风建设的政治意义和现实价值的认识，并转化为每个中国人投身家风建设的政治责任和实践自觉，把家风建设融入日常家庭生活和社会参与之中，共同营造人人关心、支持和参与家风建设的家庭和社会环境。

其次，要注重对家风建设现状的调查研究。相关部门和基层社区要通过典型访谈、问卷调查，甚至借助大数据分析，客观系统地了解家风建设的实际情况、存在的主要问题及其深层原因，以便有针对性地进行公共政策和治理方案的制定和实施。高校和政府研究机构要加强横向合作，在调研方法、指标设计、数据分析、探讨问题原因等方面，给予更多专业支持和能力培养。

再次，在家庭内部，要将家风建设和家庭制度建设、家教建设融合，既用家风建设的成果去拉动家庭的制度建设和家教建设，又以制度建设和家教建设的积极作用助力家风建设，提升家风建设的家庭发展总收益。在家庭外部，要提高与社会文明共建共享的连接程度，一方面把社会文明建设成果引入家庭，保持家风建设与社会、与时代同步，另一方面对外输送家风建设的成功经验，放大家风建设的社会效应，为提高全社会文明程度做出每个家庭应有的贡献。

《中国妇女报》（2023年03月27日第06版）

学术圆桌

学术圆桌

理解把握新时代好家风的内涵、价值与建构

李毅弘　戴歆馨

家风有好坏之分、优劣之别，什么样的家风是"好家风"？党的十八大以来，以习近平同志为核心的党中央坚持马克思主义理论指导，继承中华民族重视家庭、家教、家风的优良传统，秉承老一辈革命家的红色家风基因，紧密结合新的时代特征，向全国人民提出建设"好家风"的倡导、要求与希望，形成了新时代"好家风"的重要论述。倡导全国人民"重视家庭文明建设"，让家庭"成为人们梦想起航的地方"，强调"广大家庭都要弘扬优良家风，以千千万万家庭的好家风支撑起全社会的好风气"，提出了"注重家庭、注重家教、注重家风"的殷切希望。深入探讨习近平总书记关于"好家风"的重要论述，把握其科学内涵、时代价值与建构节点，对于推进新时代家风文明建设，树立良好的社会文明新风尚，凝聚实现中华民族伟大复兴的磅礴力量具有重要意义。

学术圆桌

新时代好家风的科学内涵

家风，又称门风，是一个家庭或家族在世代繁衍过程中逐渐积淀，并随社会发展不断演进而形成的较为稳定的价值观念、生活方式、行为习惯、文化氛围、精神风貌的总和，是维系家庭或家族良性运行的精神纽带。家风有好坏之分、优劣之别，培育什么样的"家风"，什么样的家风是"好家风"，是新时代"好家风"中的基础性问题。习近平总书记在2016年12月会见全国第一届文明家庭代表时强调，全社会要广泛参与家庭精神文明建设，"推动形成爱国爱家、相亲相爱、向上向善、共建共享的社会主义家庭文明新风尚"，从总体上概括了新时代"好家风"的核心内涵，阐明了新时代应培育什么样的"好家风"。

（一）爱国爱家是新时代好家风的基本价值内核

以爱国爱家为价值内核的新时代好家风，是传统价值追求与当代社会主义核心价值观的共融体现。中华民族历来重视家庭，由血缘亲情形成的家庭哺育着人成长，寄托着人的情感，是人一生的归宿。孟子曰："天下之本在国，国之本在家"。在中国人的传统价值观念中，家就是小的国，国也是千万家，浓厚的家国情怀是中华民族的精神基因。习近平总书记

> **学术圆桌**

指出:"千家万户都好,国家才能好,民族才能好。国家好,民族好,家庭才能好"。家庭是国家的细胞,家风清正、家道兴旺是国运亨通的基础。要倡导爱家庭、爱家人,承担起家庭责任,营造和睦家庭的新时代"好家风"。

国家的安定富强,则是家庭幸福美满的根本保障。国之不存,家将焉附?无数先烈们怀揣伟大的爱国主义情怀用生命和鲜血换来中华民族的"站起来",千万家庭才得以安定生活;一代又一代中国人筚路蓝缕,接续奋斗换来中华民族"富起来",千万家庭才能丰衣足食。新时代实现中华民族"强起来"的伟大复兴,一如既往地需要强烈的家国情怀与爱国主义精神作为精神支柱与动力源泉。为此,习近平总书记强调加强爱国主义教育,引导人们树立正确的家国观,要求"广大家庭都要把爱家和爱国统一起来,把实现家庭梦融入民族梦之中"。开展爱国爱家教育的首要阵地就在家庭,以爱国爱家的好家风培养起对家国的真挚热爱,树立起对国家民族的认同感、归属感、责任感和使命感,做到"利于国者爱之,害于国者恶之"。以爱国爱家的好家风引导人们将个人理想追求与国家民族命运统一起来,自觉承担起家庭责任与社会责任,培植良好私德与社会公德,为实现民族复兴凝聚力量。

学术圆桌

（二）家庭成员相亲相爱是新时代好家风的真挚情感追求

"爱"是人类最为高贵的情感，是保证社会和谐发展的基础。人性中的至善至爱深深根植于家庭之爱，培育相亲相爱的家风，让家庭成员在生活中感受爱、学会爱、培养起爱的能力，以实现爱自己、爱他人、爱家乡、爱祖国的统一。彭德怀同志临终之际嘱咐道："我死以后，把我的骨灰送回家乡……把它埋了，上头种一棵苹果树，让我最后报答家乡的土地，报答父老乡亲。"拳拳爱家爱国之心溢于言表，感人至深。

习近平总书记高度重视营造相亲相爱的美好家风，尽管工作繁忙仍经常抽空陪母亲散步、聊天，为在外工作的妻子做顿饭，骑车载女儿玩耍，还曾多次提醒各级领导干部"少出去应酬，多回家吃饭"，既能促进党风的清正廉洁，又能增进家庭的和顺温馨。以相亲相爱的好家风润泽人心、浸润家庭，通过"爱"的接力，营造和谐友爱的社会情感氛围。

（三）向上向善是新时代好家风的根本道德取向

向上即立志奋发，树立坚定的理想信念。向上是激励人

学术圆桌

们前进的动力，立志才有前进的方向和目标，若没有立志向上的精神指引，人易贪图安逸，缺乏高尚趣味，庸碌无为。领导干部若缺乏理想信念则会精神"缺钙"，步入歧途。强调立志向上，是我国传统家风家训文化的重要内容之一。比如，诸葛亮《诫外甥书》有云："志当存高远"；又如，嵇康《家诫》有云："人无志，非人也"；再如，于成龙《治家规范》有云："读书明理者，以养志为先"，诸多家规家训都将培养子女立志向上的品格作为家风家教的重要内容之一。

新时代赋予全国各族人民的远大理想以新的时代内涵，在继承中华优秀家风文化基础上，习近平总书记指出"理想信念是国家和民族前进的支撑，人民有信仰，民族才有希望"，强调"中国梦是全国各族人民的共同理想，也是青年一代应该牢固树立的远大理想"。而家庭是人生的出发点，也是理想信念的萌发地，新时代向上的好家风不仅要让家庭成员树立修身齐家的个人梦、家庭梦，而且要以向上的好家风培育起国家梦、民族梦。

向善即存仁行善，做对自己、他人及社会有益的事。向善对于党来讲是指治国理政要心怀人民，行利国利民之事，真正做到全心全意为人民服务，"为中国人民谋幸福，为中华民族谋复兴"；对于民众来讲是指心存善念，尽力做对他人

学术圆桌

和社会有益的事情，是一种高尚的道德品质，是立身之本，兴国之始。

向上与向善相辅相成，缺一不可。《资治通鉴》指出："才德全尽谓之'圣人'，才德兼亡谓之'愚人'；德胜才谓之'君子'，才胜德谓之'小人'"。选人用人时首选圣人，其次是君子，再次是愚人，切不可得小人。一个有才无德之人，挟才干作恶产生的危害远胜过无才无德之人，而向善之人若没有向上之心，缺乏才干则往往心有余而力不足。因此，具备向善的高尚品德是奋发向上的前提和基础。

马克思在《青年在选择职业时的思考》一文中指出，"在选择职业时，我们应该遵循的主要指针是人类的幸福和我们自身的完美"，将向善精神寓于自身理想抱负之中。为此，习近平总书记在十九大报告中强调，加强思想道德建设，深入实施公民道德建设工程，推进社会公德、职业道德、家庭美德、个人品德建设，"激励人们向上向善、孝老近亲，忠于祖国、忠于人民"。家风的教化功能使得培育向上向善的好家风，成为新时代加强公民道德建设的重要途径，通过向上向善的好家风为人们提供丰润的道德滋养，引导人们向上向善，从而营造全社会崇德向善的好风气。

> 学术圆桌

（四）共建共享是构建新时代好家风的基本方法论

共建即在家风建设中融入家园情怀和主人翁精神，实现家风建设的全民参与、互促互进。新时代家风不是孤立的一家之风，乃是具有共同价值追求，互促互进的全民联动型家风。共享即人民共同享有新时代好家风的建设成果，以共建的好家风塑造"家文化"，推动形成社会主义和谐大家庭，"保证全体人民在共建共享发展中有更多获得感"。

中国特色社会主义进入新时代，人民对美好生活的向往日益强烈，和谐美满的家庭就是最直接的发展成果。通过全社会共同参与新时代好家风建设，促进家庭和睦、社会和谐，形成互帮互助的家庭文明好风气，增强人民的幸福感、获得感，从而彰显"好家风"的时代价值。

新时代好家风的时代价值

习近平总书记立足于新时代，着重强调"无论时代如何变化，无论经济社会如何发展"，对于一个社会来说，家庭功能和作用是"不可替代"的，阐明了"好家风"在引领好社风、浸润好作风、涵育社会主义核心价值观方面的重要价值。

学术圆桌

（一）好家风引领好社风

"家风是社会风气的重要组成部分"。家风是家庭精神风貌、文化氛围的积淀，千万家庭家风的延伸汇聚就是社会风气。家风对家庭成员潜移默化的影响会以人们的言行为载体投射于社会生活和交往中，形成家风的"外溢效应"。随着新时代经济社会的快速发展，家庭格局也在发生变化——家庭规模小型化，家庭成员分散化，家庭内聚力弱化。若忽视家庭、家教、家风问题，必然导致家庭成员关系疏离、冷漠，甚至家风败坏，滋生诸多社会问题。对此，习近平总书记指出："子女教育得好，社会风气好才有基础"。家风与社风犹如部分与整体，每个家庭若都以"好家风"教化家庭成员，培养优良品行，春风化雨，就能实现人与人、人与社会的和谐共处，构筑新时代的社会新风尚。

"好家风"帮助孩子"扣好人生第一粒扣子"。习近平总书记在党的十九大报告中指出："要以培养担当民族复兴大任的时代新人为着眼点……从家庭做起，从娃娃抓起"。青少年是国家和民族的希望，青少年时期又是形成人生观、价值观的关键时期。家庭是青少年教育的第一场所，"好家风"则是树立正确思想道德观念的宝贵土壤。随着互联网、新媒

学术圆桌

体的飞速发展，青少年身处纷繁复杂的网络世界，为避免青少年受不良人生观价值观侵蚀，亟需"好家风"为青少年的成长营造一个干净向上的成长环境，以"好家风"的教化功能匡邪扶正，培育健全人格，孕育高尚情操，引导青少年扣好人生的第一粒扣子，迈好人生的第一个台阶，塑造"有自信、尊道德、讲奉献、重实干、求进取"的时代新人。

"好家风"为脱贫攻坚培育内生动力。人的意识不仅反映客观世界，而且在人们改造客观世界的实践活动中发挥着强大的能动作用。贫困的根源在于精神贫瘠与思想落后，一些贫困群众存在"等、靠、要"的思想，缺乏为家庭谋幸福的奋斗精神。为此，习近平总书记在2017年深度贫困地区脱贫攻坚座谈会上强调了家风在国家脱贫攻坚战略中的重要作用。习近平总书记指出，"扶贫要同扶智、扶志结合起来"，加大脱贫攻坚内生动力的培育力度。通过培育良好家风，强化家庭成员的家庭责任感，推进家庭幼有所养，老有所依，促进家庭和睦。弘扬勤劳致富、勤俭持家、艰苦奋斗、自力更生的传统美德，树立"幸福是靠辛勤劳动创造的，没有等来的小康"等正确观念，激发群众积极性、主动性、创造性，强化脱贫攻坚的内生动力。以好家风"鼓励劳动、鼓励就业、鼓励靠自己的努力养活家庭，服务社会，贡献国家"，带动

学术圆桌

贫困地区形成健康向上的社会风气。

（二）好家风浸润好作风

"领导干部家风是领导干部作风的重要表现"。浸润在良好家庭风气中的官员，会自然而然地将好的作风、好的意识、好的习惯带入日常工作中；反之，也会把家庭中沾染的歪风邪气带到工作中来。人们长期生活在家庭中，家庭风气潜移默化地塑造着领导干部的人生观价值观为政观。领导干部的家风勤俭朴素、清白正直，反映在工作作风上就是公私分明、艰苦节俭、廉洁自律。习近平同志担任领导干部后，每到一处工作，都会告诫亲朋好友不允许任何人打他的旗号谋私利。这种严格要求子女，廉洁奉公的优良作风正是源于"好家风"的传承。习仲勋同志曾将女儿打翻在桌上的菜汤喝完来教育子女勤俭节约，把女儿家庭出身由"革命干部"改为"职员"告诫子女不搞特殊等。反之，领导干部家风一旦奢侈拜金、好逸恶劳、思想堕落，反映在工作作风上就会是贪污腐败、以权谋私。正如习近平总书记指出："家风败坏往往是领导干部走向严重违纪违法的重要原因"。落马"大老虎"就是"一人当官、全家受贿"，"前门当官、后门开店"的典型，其家庭成员在违法乱纪行为中扮演着重要角色，上演一幕幕

学术圆桌

家族式腐败。因此，离开家风谈作风，就如无源之水，无本之木，习近平总书记指出："抓作风建设要返璞归真、固本培元"。从根本上改进领导干部的工作作风、生活作风，推进党风廉政建设，塑造风清气正的党内政治生态，就要从思想意识的生成土壤——家庭家风抓起，发挥"好家风"的化人功能，从源头上扼制腐败的基因。

党员干部家风具有"上行下效"的示范功能。习近平同志在《之江新语》中说道："领导干部的生活作风和生活情趣，不仅关系着本人的品行和形象，更关系到党在群众中的威信和形象……具有'上行下效'的示范功能"。领导干部是党和人民事业的领头羊，在人民群众中起着表率作用，9000多万党员的家庭风气的影响力是巨大的，好家风孕育好的党员干部，好党员率先垂范，带出好的公民，从而带动形成好的社会风气。领导干部的家风直接影响着领导干部的作风，影响着党风政风，影响着党在人民心中的形象，还影响着整个社会风气，是新时代党的建设工作中不容忽视的重大问题。

（三）好家风涵育社会主义核心价值观

"好家风"是涵育社会主义核心价值观"接地气"的重

> **学术圆桌**

点工程。第一,"好家风"与社会主义核心价值观具有同根同质性。从纵向来看,"好家风"和社会主义核心价值观具有文化同根性。社会主义核心价值观的主体内容"富强、民主、文明、和谐,自由、平等、公正、法治,爱国、敬业、诚信、友善",都能在传统文化中找到源头。例如,传统道家思想的"上善若水,善利万物而不争",儒家"天人合一"等思想,表达了追求人与社会、人与自然的和谐观。"诚信"自古就被视为立国立身之本,"民无信不立""君子诚之为贵""信,国之宝也"等传统思想,深刻阐述了"诚信"对个人、国家的重要意义。而"好家风"也是根植于中华优秀传统文化的历史传承与文化积淀。我国优秀传统文化中最注重家文化的儒家文化所强调的"仁、义、廉、耻、孝、悌、忠、信",以及以众多优秀传统家规家训为代表的传统家风思想,都是当前"爱国爱家、相亲相爱、向上向善、共建共享"的"好家风"的思想来源。可见,"好家风"与社会主义核心价值观有着共同的文化基因,培育传承"好家风"的同时,也是在无形中将社会主义核心价值观根植于人们的思想理念中。

从横向来看,"好家风"与社会主义核心价值观具有价值同质性。习近平总书记指出:"家风是一个家庭的精神内

> **学术圆桌**

核,也是一个社会的价值缩影。良好家风和家庭美德正是社会主义核心价值观在现实生活中的直观体现"。家风本质上是一个家庭或家族的价值追求和精神风貌,体现着一个家庭的核心价值观。一方面,社会的主流价值观会影响和决定着在家庭中"提倡什么,反对什么",新时代倡导社会主义核心价值观,体现在家庭中就是倡导爱国爱家、相亲相爱、向上向善、爱岗敬业、遵纪守法等家风理念。另一方面,家庭是人的第一所学校,是人们接受价值观教育最直接有效的场所。因此,习近平总书记强调:"要在家庭中培育和践行社会主义核心价值观,引导家庭成员特别是下一代热爱党、热爱祖国、热爱人民、热爱中华民族"。第二,"好家风"日常化和生活化的教育特性,能够使得社会主义核心价值观春风化雨、落细落小落实。正如习近平总书记所指出的,"一种价值观要真正发挥作用,必须融入社会生活……与人们的日常生活紧密联系起来,在落细、落小、落实上下功夫"。"好家风"正是社会主义核心价值观"接地气"的重要载体,通过一点一滴的日常生活,以家长的言传身教和反复叮咛教诲将社会主义核心价值观转化为具体的、生活化的思想理念,从而有效促进核心价值观内化于心,外化于行。

> 学术圆桌

好家风建设的根本着力点

（一）发挥领导干部在好家风建设中的带头作用

领导干部要严于律己，树立正确榜样。"其身正，不令而行；其身不正，虽令不从"，党员干部既是家庭中的家长又是社会建设的领导者，双重身份赋予了党员干部严格要求自己，修己正身的重要责任。为此，习近平总书记指出，"领导干部要努力成为全社会的道德楷模，带头践行社会主义核心价值观，讲党性、重品行、作表率，带头注重家庭、家教、家风"。具体来讲，党员干部要坚持正确的价值观，保持高尚道德情操和健康生活情趣，不断提高自身思想境界，树立清白正直的人格品质，为子女亲属和身边人树立厚德尚学的好榜样，为人民群众作出好表率。

领导干部要从严治家，严格要求亲属子女，培育廉洁家风。一家不治，何以治天下，爱子深且教子严是中国共产党人应有的家庭风范。习近平总书记曾引用《礼记·大学》"所谓治国必先齐其家者，其家不可教而能教人者，无之"，表达了领导干部治国与治家的紧密联系。此外，领导干部家风在引领党风社风中的特殊地位，决定了对领导干部家风除了一般性要求外，还应具备更先进的精神风貌。领导干部的家

> **学术圆桌**

庭成员因其特殊身份面临着更多的利益诱惑,因此要时刻严格要求亲属子女,树立不搞特权、自食其力、艰苦朴素、遵纪守法的正确观念,树立正确的政治观念和立场。廉政教育不仅要在党内开展,而且要在党员领导干部家庭中开展,培育清廉正直的党员干部"好家风",才能筑牢拒腐防变的防火墙,引领全社会建设"好家风",形成好社风。

从制度着手保障领导干部"好家风"建设。一是实现领导干部家风建设制度化。中央文明委在《关于深化家庭文明建设的意见》中指出:"将家风建设作为干部考核评价的重要标准"。将家风建设纳入干部考核中,敦促领导干部加强家风建设,划清权力与家庭的界线,管好亲属子女。严明纪律要求,防止家庭生活对权力运行的消极影响,过好亲情关,防止"家族腐败"。二是实现领导干部家风建设常态化。《上海市开展进一步规范领导干部配偶、子女及其配偶经商办企业管理工作的意见》指出:"各级党委(党组)要重视领导干部家风建设……定期检查有关情况"。通过定期检查、在党内开展廉洁家庭建设工作,建立家风建设常态化长效机制,以实现对领导干部家风的监督、管理、规范。

学术圆桌

（二）发挥妇女在树立好家风方面的独特作用

习近平总书记指出："要注重发挥妇女在弘扬中华民族家庭美德、树立良好家风方面的独特作用，这关系到家庭和睦，关系到社会和谐，关系到下一代健康成长"。女性的特质使其在处理家庭关系和家庭事务，管理家庭教育方面具有独特优势，这可以从以下方面着手：第一，广大妇女要积极进取，认识自我价值，做子女的好榜样。"女子本弱，为母则刚"，习近平总书记曾讲述儿时母亲工作结束还背着他去书店买岳飞的小人书，母亲讲的岳母刺字、精忠报国的故事，深深烙印在他心中，成为其一生的追求。由此可见，母亲的教育对子女成长的影响是深刻而久远的。而妇女要保护和教育子女首先应自立自强，塑造独立的人格，努力学习，不断提升自身的思想文化素养，在社会主义现代化事业中建功立业，增强维护自身权益的能力，打造好自己才能教育好子女、培育好家风。

第二，要保障妇女权益，提升和尊重妇女的社会地位和家庭地位，激发其积极性和创造性。习近平总书记强调："妇女权益是基本的人权。我们要把保障妇女权益系统纳入法律法规"。要不断完善相关法律法规，妇联组织切实履行化解

学术圆桌

家庭矛盾纠纷的职能,加强对妇女的法律援助,保护妇女在家庭和社会中的权益,才能保证妇女在维护家庭和谐,培育"好家风"中发挥应有的作用。共青团、妇联等群众团体应积极组织开展家庭文明建设活动,例如创办"文明家庭""最美家庭"等活动,鼓励广大妇女踊跃参与其中。精神文明建设工作部门可以利用媒体、文艺作品等大力宣传妇女的"半边天"作用,引导全社会认识到妇女在家庭建设和社会发展中不可替代的作用。发挥各级党委、政府、群众团体的领导、统筹、协调、指导、督促作用帮助困难家庭排忧解难,为营造"好家风"提供基础保障。

(三)挖掘家风建设资源培育新时代好家风

第一,挖掘优秀传统文化中的家风建设资源。党的十九大报告强调:"深入挖掘中华优秀传统文化蕴含的思想观念、人文精神、道德规范,结合时代要求继承创新,让中华文化展现出永久魅力和时代风采"。优秀传统家规家训和家庭美德,为新时代"好家风"建设提供丰富资源。颜氏家训、朱子家训、诸葛亮诫子格言等都蕴含着丰富的德育资源。从具体内容来看,主要包括六个方面:立德修身、济世报国;尚学重教、诗礼传家;孝悌为要、亲友睦邻;注重教化、谨严

> **学术圆桌**

家法；勤俭朴素、工贾并重；义善天下、普惠乡梓。对于这些优秀传统家风资源，可以通过富有创意的宣传形式，如公益广告、公益活动下社区等，实现时代化、大众化转换，让其重新回到大众视野，服务于"好家风"建设。

第二，继承和弘扬红色家风典范。重视家风家教是中国共产党的优良传统，要"继承和弘扬革命前辈的红色家风"。红色家风是中国共产党革命实践的智慧结晶，体现着中国共产党人的风骨、信仰和道德品质。毛泽东、周恩来等老一辈革命家都是培育"好家风"的榜样。开国元勋叶剑英要求子女"夹着尾巴做人"，朱德司令让儿子当铁路工人等都是红色家风的光辉典范。红色家风彰显着中国共产党人从严治家、励志传承的态度，勤俭质朴、严爱有度、清白正直的情操，律己修身、廉洁奉公、公私分明的政治品格，严于律己、不搞特殊、艰苦奋斗、自力更生的精神风范。老一辈共产党人正是凭借这样的精神信念带领人民开创了中华民族的新篇章。没有坚定的理想与信仰，就没有民族复兴的精神脊梁。在新的历史条件下实现中华民族"强起来"的历史重任仍然面临着许多困难与挑战，亟须继承发扬红色家风，让老一辈共产党人的精神气度和高风亮节代代相续，共筑共创美好新时代的精神高地。

如何传承好家风

学术圆桌

新时代"好家风"是中华民族优秀传统文化与中国特色社会主义建设实践相结合的文明成果，体现着中华民族独树一帜的精神价值追求。家风的教化功能、社会功能决定了新时代"好家风"在培育时代新人、引领社会新风尚、推进社会主义核心价值观深入人心等方面的重要作用。深入学习贯彻习近平总书记关于"好家风"建设的系列论述，对于进一步加强新时代家庭文明建设，助力党风廉政建设，推进社会主义精神文明和社会进步具有重要意义。

《思想理论教育导刊》（2019年第06期）

学术圆桌

家齐而后国治
——领导干部家风建设的基本路径

余科豪 等

党的十八大以来，习近平总书记高度重视领导干部的家风问题，在许多场合就家庭、家教和家风建设作出一系列重要论述。这些重要论述，继承和发扬了中华民族优秀传统文化，赋予了家风建设以新的时代内涵，对于加强新时代党员领导干部家风建设，推进全面从严治党和党风廉政建设具有重要作用。

家风建设的科学内涵

习近平总书记围绕家风建设作出了一系列重要论述，归纳起来，主要涵盖以下几方面内容。

（一）突出基础性，家庭的作用不可替代

家庭是社会的基本细胞，是传递文化、涵养品性的重要场所，更是一个人价值观形成与行为习惯养成的第一所学

> 学术圆桌

校。个人的成长与发展都离不开家庭、家教、家风的熏陶。习近平总书记指出:"无论时代如何变化,无论经济社会如何发展,对一个社会来说,家庭的生活依托都不可替代,家庭的社会功能都不可替代,家庭的文明作用都不可替代。""家庭是人生的第一个课堂,父母是孩子的第一任老师。孩子们从牙牙学语起就开始接受家教,有什么样的家教,就有什么样的人。"基于此,习近平总书记在2015年春节团拜会上强调:"不论时代发生多大变化,不论生活格局发生多大变化,我们都要重视家庭建设,注重家庭、注重家教、注重家风",并明确要求"广大家庭都要重言传、重身教,教知识、育品德,身体力行、耳濡目染,帮助孩子扣好人生的第一粒扣子,迈好人生的第一个台阶"。

(二)突出传承性,家风会在潜移默化中代代相传

一个家庭能否源远流长、薪火相传的一个关键因素就在于这个家庭具有什么样的家风。习近平总书记指出:"家风是一个家庭的精神内核""家庭不只是人们身体的住处,更是人们心灵的归宿。家风好,就能家道兴盛、和顺美满;家风差,难免殃及子孙、贻害社会,正所谓'积善之家,必有余庆;积不善之家,必有余殃'。"在习近平总书记看来,不管是诸

> **学术圆桌**

葛亮诫子格言、颜氏家训、朱子家训等古代家训、家规、家教，还是革命、建设、改革开放时期和新时代无数家庭展现出的家国情怀，都反映出家风家教对一个家庭兴旺传承、对一个国家繁荣兴盛的重要意义。家风好不仅滋养家庭成员的身心健康，而且使孩子长大后"成为对国家和人民有用的人"。

（三）突出关联性，以好家风涵养领导干部好作风和社会好风气

"家是最小国，国是千万家。"对一个家庭来说，家风反映的是一个家庭的生活准则、行为规范和价值取向；对整个社会来说，以家风为主的家庭伦理道德是整个社会道德处于基础地位的部分。家风正则民风淳社风清，良好家风和家庭美德是社会主义核心价值观在现实生活中的具体体现。普通群众的家庭若家风不正，引发的更多的是家庭问题，而党员领导干部的家风不正，则极易诱发腐败问题，老百姓很关注，社会影响很坏。习近平总书记指出："领导干部的家风，不是个人小事、家庭私事，而是领导干部作风的重要表现。""不仅关系自己的家庭，而且关系党风政风。"习近平总书记强调，"我们着眼于以优良党风带动民风社风，发挥优秀党员、

学术圆桌

干部、道德模范的作用，把家风建设作为领导干部作风建设重要内容，弘扬真善美、抑制假恶丑，营造崇德向善、见贤思齐的社会氛围，推动社会风气明显好转。"

（四）突出政治性，领导干部家风建设是加强党风廉政建设的重要组成部分

党员领导干部的家风一定程度上是党内政治生活状况在家庭的直观反映，从这个意义上说，家风建设具有鲜明的政治属性。党的十八大以来，全面从严治党战略布局将党员领导干部家风建设纳入党规党纪的管理范畴，《关于新形势下党内政治生活若干准则》《中国共产党廉洁自律准则》《党政领导干部选拔任用工作条例》《中国共产党纪律处分条例》《中国共产党党内监督条例》等法规中，对党员领导干部的家风建设提出明确的纪律要求。《新时代公民道德建设实施纲要》也对用良好家教家风涵育道德品行等提出了具体要求。在党的一些重要会议上，习近平总书记一再要求"我们的领导干部不仅要自身过得硬，还要管好家属和身边工作人员，履行好自己负责领域的党风廉政建设责任，坚决同各种不正之风和腐败现象作斗争"。"每一位领导干部要把家风建设摆在重要位置，廉洁修身，廉洁齐家，在管好自己的同时，严

> 学术圆桌

格要求配偶、子女和身边工作人员。"习近平总书记还多次对党的高级干部提出要求，要抵制特权思想，不搞特殊化，带头树立良好家风，加强对亲属和身边工作人员的教育和约束。

概而言之，习近平总书记关于家风建设的重要论述，继承和发展了马克思主义的家庭观，凝结了中国优秀传统文化中家训、家规、家教、家风的智慧，弘扬了老一辈革命家的红色家风，不仅为广大家庭的家风家教提供了重要遵循，而且为推进全面从严治党和加强党风廉政建设提供了强大的精神动力。

系统思维是党员领导干部家风建设的科学方法

纵观近年来落马的领导干部，其腐败行为多与家教不严、家风不正有关，同时领导干部家风不正、腐化堕落，又会严重损害领导干部的形象，败坏党风政风，损害党的公信力，在群众中造成极坏的影响。据统计，党的十九大以来，中央纪委国家监委发布的违纪违法中管干部通报中，70%以上存在家风不正甚至家风败坏的问题。从实践上看，重视家风建设就会父慈子孝、夫义妻贤、兄友弟恭、内平外成，正所谓"家风不染尘、清廉惠久远"。忽视家风建设就会祸害子孙、

如何传承好家风

> **学术圆桌**
>
> 家庭难安，迟早会"祸起萧墙"、废职亡家，正所谓"一人不廉、全家不圆"。通过梳理学习，我们认识到，党员领导干部加强家风建设必须用系统思维的科学方法去分析和解决问题。
>
> ### （一）以"家庭—家教—家风"有机统一的方法推进领导干部家风建设
>
> 习近平总书记在 2015 年春节团拜会上提出"三个注重"：注重家庭、注重家教、注重家风。我们理解家庭、家教和家风之间是有机统一的。具体来说，表现在三个方面：
>
> 第一，家庭是家风建设的基础，是生活、成长的基本单位，是个人思想、行为的根源。在中国传统文化中，家庭不仅是国家经济文化的基石，也是国家政治生活的根本。《孟子·离娄上》强调："天下之本在国，国之本在家。"《礼记·礼运篇》提出，"以天下为一家，以中国为一人。"具体来说，家是最小国，是国的具体微缩；国是千万家，是家的宏观展现。国家的建设必须以家庭建设为基础。同样，家庭的社会地位和内在功能，决定其在家风建设中起着无可替代的基础作用。
>
> 第二，家教是家风建设的载体。家教，指的是家庭教育

> 学术圆桌

或者说是家庭教养，是在家庭功能的基础上，旨在建设家庭成员所期盼的家风而进行的教育教养活动。立家身正、治家从严是传统家风建设的有效方式。教育内容主要是重视对后辈子孙的道德伦理、克己修身、为官从政教育。优良家风也正是依靠家训、家规、家教而恩泽后人、发扬光大、传之久远。

第三，家风是建立在家庭内在功能和家教活动之上的精神风貌。古人讲，将教天下，必定其家，必正其身。家风作为一种特殊的文化现象，彰显的是整个家庭成员的精神风貌、道德操守和文化气质，体现的是家庭成员待人接物的情感态度、价值观念以及行为规范，具有内在的文化内涵和厚重底蕴。对党员领导干部来讲，良好的家风，既是砥砺品行的"磨刀石"，又是防腐拒贪的无形"防火墙"，需要在思想上高度重视，拿出有力有效的措施推进家风建设。

"家庭—家教—家风"有机统一的科学方法，主要包括两个方面的要求：一方面，要建设好家庭。持之以恒、久久为功，有效发挥家庭的生活功能、教化功能和社会功能。这是家风建设的基础所在。另一方面，要开展好家教。注重传承弘扬中国优秀传统家教文化，传递尊老爱幼、男女平等、夫妻和睦、勤俭节约、邻里团结等观念，倡导忠诚、责任、

如何传承好家风

| 学术圆桌 |

学习、奉献、自律等理念,推动家庭成员在为家庭谋幸福、为他人送温暖、为社会作贡献的过程中提高精神境界、培育文明风尚。

(二)以"家风—政风—社会风气"有机统一的方法推进领导干部家风建设

习近平总书记关于家风建设的重要论述,深刻揭示了家风和党风、社会风气之间有机统一的关系。一方面,领导干部家风影响党风。"从近年来查处的腐败案件看,家风败坏往往是领导干部走向严重违纪违法的重要原因。"因此,淳党风、正作风必须把家风建设作为党风廉政建设的突破口,引导领导干部培育好家风、涵养好作风,带动党风向好、民风向善。另一方面,领导干部家风影响社会风气。家风不仅在家庭成员之间传承,也在家庭与家庭之间形成互动,相互影响,并通过家庭之间的互动与传播影响社会风气。党员领导干部的优良家风,不仅对引导其老实做人、干净做事、清正做官具有重要意义,而且对社会是一种道德的力量,起到重要示范带动作用。如果千千万万个党员领导干部的家风建设好了,那么发挥出的示范带动作用将是巨大的。

用"家风—政风—社会风气"有机统一的科学方法推进

学术圆桌

领导干部家风建设，主要包括两个方面要求：一方面，要站在加强党风政风建设的高度，重视领导干部的家风建设。古人讲，"欲治其国者，先齐其家"，"一室之不治，何以治天下"。对于领导干部来说，树立良好家风，既是做好领导工作的客观需要，又是加强党性修养的重要内容。每个领导干部，都要从为党风政风负责的高度，加强家风建设，以"信念坚定、为民服务、勤政务实、敢于担当、清正廉洁"的好干部标准要求自己、树好形象、管好家人。另一方面，要提升到社会风气建设的高度，重视领导干部的家风建设。领导干部要将加强家风建设看作应尽的政治责任和社会责任，按照走在前列、当好示范的要求，时时、事事、处处带头，对亲属子女严格教育、严格约束、严格监督，争做新时代家风建设的表率。

综合施治是领导干部家风建设的基本路径

家风建设就其核心要义而言，具有基础性、传承性、关联性、政治性。所有这些属性的有机统一就是综合性。就其影响因素而言，内因即党员领导干部的自觉性、主动性起决定因素，外因通过内因起作用。就其科学方法而言，按照系统思维的方法，推进领导干部家风建设不能就家风谈家风，

如何传承好家风

> **学术圆桌**
>
> 必须全面审视、正确把握领导干部家风建设的系统性、整体性，多措并举、综合施策。
>
> **（一）知感恩，坚持忠诚立家**
>
> 一名领导干部的成长凝结着组织的培养和人民群众的厚望。干部能力的增强、水平的提高、经验的积累，很大程度上是以各种社会成本的消耗为代价的。正因如此，作为党员领导干部，必须要懂得知恩感恩报恩。做到忠诚立家，最基本的就是要始终做到忠诚于党、忠诚于国家，以忠诚的品格影响和带动家庭成员。忠诚干净担当，忠诚是第一位的，如果政治上靠不住，忠诚上出问题，其他一切都归零。为国尽忠，在家尽孝，这是中国人最为崇高的家国情怀。党员领导干部要以身作则，作出好样子，引导和教育孩子感念父母养育之恩，学会孝敬父母、尊敬长辈。
>
> **（二）知敬畏，坚持从严治家**
>
> 纪法是成文的道德，遵纪守法是家风建设的底线。古人讲"治家严，家乃兴"。古往今来，任何优良家风都是建立在道德基础之上的家风，不存在游离于纪法之外的家风。同样，知敬畏、存戒惧、守底线应是新时代党员领导干部家风

> 学术圆桌

建设的底色。加强领导干部家风建设，必须教育引导家庭成员自重、自省、自警、自律，远离贪腐、洁身自好，时刻警惕别有用心的人"围猎"。对于家人身上的苗头性问题，要坚持原则，放下私情，早教育、早制止、早纠正，切实守护好家庭这片"廉洁港湾"和家庭成员的内心留白之处。同时，必须牢记"头上三尺有神明""鱼和熊掌不可兼得"的道理，严守党章党规党纪和国家法律法规，严格约束自己，使从严成为一种习惯，让监督伴随自己一生，始终坚守底线、不踩红线、不碰高压线，为亲属子女严守法纪作出表率。

（三）知大德，坚持修身齐家

《左传·襄公二十四年》载："太上有立德，其次有立功，其次有立言，虽久不废，此之谓不朽。"品行道德是一个人立身之本，领导干部做到修身齐家就要明德、守德、养德。

具体来说，可以从慎初、慎独、慎微、慎友上下功夫。"慎初"，就是不忘初心，始终牢记为民服务宗旨，时刻保持政治上的清醒，系好第一粒纽扣、把好第一个关口、守住第一道防线，谨防糖衣炮弹的攻击和"温水煮青蛙"的陷阱，永葆共产党人的赤子之心。"慎独"，就是一个人独处时仍能严格要求和保持自我，始终做到表里如一。慎独作为一种高度

> **学术圆桌**

自律的状态，既是个人修为的重要体现，也是党性原则的有效检验。党员干部保持慎独的修养本色，就要严以律己、高度自律、保持定力，做到人前人后一个样、八小时内外一个样、台上台下一个样、有没有监督一个样。"慎微"，就是注重小事、小节，不能因小失大，坚持从家人管起，"不以善小而不为，不以恶小而为之"，见微知著、防微杜渐。"慎友"，就是要管好自己的交往圈、朋友圈，以德为要、以信为基，亲君子、远小人，交往有原则、有底线。

（四）知方向，坚持耕读传家

毛泽东同志曾说："一个人的知识面要宽一些，有了学问，好比站在山上，可以看到很远很多的东西。没有学问，如在暗沟里走路，摸索不着，那会苦煞人。"毛泽东同志用浅显的语言告诉我们一个道理：学习能使人开拓眼界、明辨方向、增添力量。对领导干部来说，读书学习既是党的优良传统和历史经验，也是"济世传家"的良好方式。一方面，通过学习读书，磨砺干事创业真本领，更好地履职尽责；另一方面，在家庭中营造注重学习、勤于读书的良好氛围，可以使家庭书香充盈，进而涤风励德、淳风化俗。广大领导干部做到耕读传家，要主动把学习作为一种追求、一种爱好、

> **学术圆桌**

一种健康的生活方式，带头学习中国共产党历史、新中国历史、改革开放史、社会主义发展史，带头学习革命先辈、英雄模范和时代楷模先进事迹，潜移默化地开展理想信念教育和中国特色社会主义宣传教育，让家庭成员感受到共产党人在公与私、义和利、是和非、正和邪、苦和乐等问题上的坦荡选择和与普通群众的不同之处。同时，要坚持"活到老，学到老"的学习态度，不断学习新知识，掌握新本领，争做本职岗位上的行家里手，以实际行动为家庭成员作出榜样。

（五）知艰辛，坚持勤俭持家

艰苦奋斗、勤俭节约不仅是中华民族的传统美德，也是我们党始终保持同人民群众血肉联系的重要纽带。不可否认，在物质生活条件大大改善的今天，有的党员领导干部勤俭节约意识有所淡化，享乐主义、奢靡之风一定程度上还存在。在有的人看来，勤俭节约是过去战争年代和艰苦岁月提出的特殊要求，现在条件和环境改变了，再提倡这个就不合时宜了；还有的人认为，艰苦朴素是个人生活的小事，吃点喝点无碍大局，没有必要看得那么重，要求得那么严。这些思想认识，不仅与共产党人的价值观是不相符的，而且会给领导干部的家庭成员带来贪图享乐、奢侈浪费的不良习惯。

> **学术圆桌**

不论我们国家发展到什么水平,人民生活改善到什么地步,艰苦奋斗、勤俭节约的思想永远不能丢。对领导干部来说,厉行节约也不仅是一种个人私德,更是一种社会公德,在保持必要的物质条件的基础上,要将勤俭节约作为一种习惯、一种美德、一种力量,当做长期坚持的政治本色。作为家长这个角色,领导干部要以身示范,将勤俭节约贯穿到工作生活的每个环节,从细微处入手,从点滴处做起,使家庭成员都懂得"一粥一饭当思来不易,半丝半缕恒念物力维艰"的道理,将勤俭节约作为个人应有的社会责任和道德素养。

(六)知担当,坚持实干兴家

实干兴邦,空谈误国。对一个家庭而言,也是如此。邓小平同志在1992年南方谈话时曾一针见血地指出,"世界上的事情都是干出来的,不干,半点马克思主义也没有"。新时代是奋斗者的时代,幸福都是奋斗出来的。不论是个人成长、事业发展,还是家庭幸福、国家富强,都是一点一滴、一天一天干出来的。干部干部,"干"是当头的,只有靠实干才能不辱使命、不负重托。要履职尽责、奋发有为,把心思用在如何服务群众、改善民生上,把精力用在察民情、解民难、促发展上,把时间用在为群众办实事、办好事上,当

> **学术圆桌**

好群众的"领头雁""排头兵"。同时,领导干部要教育引导家庭成员摒弃不劳而获的思想,脚踏实地,苦干实干,把大事干精彩、把小事干精致,努力实现自己和家庭的梦想。

《中国领导科学》(2020年第02期)

学术圆桌

新时代家风建设重要论述的理论逻辑与实践价值

顾保国

习近平总书记立足于新的时代特点,站在党治国理政的战略高度,对加强中华优秀传统家风的现代转换以及新时代家风建设的相关工作提出了一系列新论述、新观点、新要求,对"新时代需要什么样的家风、如何弘扬新时代家风"这一建设性问题给出了有力回答。

文化渊源

(一)马克思主义家庭观是文化基因

马克思、恩格斯在创立马克思主义学说之初,就十分注重对于家庭这一基本单位的研究,在《共产党宣言》《资本论》《反杜林论》《家庭、私有制和国家的起源》等著作、文章以及大量书信中,都涉及对当代社会家庭结构以及家庭建设的研究。马克思认为,"在生产、交换和消费发展的一定阶段

> 学术圆桌

上，就会有一定的社会制度、一定的家庭"。也就是说，家庭作为人类生产的社会组织形式，一定是"随着社会的发展而发展，随着社会的变化而变化的"，"是社会制度的产物"。恩格斯则在其著作《家庭、私有制和国家的起源》中，剖析了父母、子女在家庭中各自承担的责任与义务关系，"父母、子女、兄弟、姊妹等称呼，并不是单纯的荣誉称号，而是代表着完全确定的、异常郑重的相互义务"，并强调了女性在家庭和社会中所起的重要作用。

习近平总书记关于家风建设的重要论述，则提取了马克思主义家庭观的文化基因。"只有千千万万个家庭的家风好，子女教育得好，社会风气好才有基础"。习近平总书记高度重视父母对子女的教养，认为良好的家风取决于父母的言传身教，而良好的社会风气与好家风的建设息息相关。除此之外，还强调了妇女在家庭中的地位，指出要发挥妇女在弘扬中华民族家庭美德、树立良好家风方面的独特作用，这关系到家庭和睦、社会和谐以及下一代的健康成长。

可以看出，马克思主义家庭观对家庭的本质、家庭与社会的关系、家庭与人的解放、妇女在家庭和社会中的地位等问题的基本观点，在习近平总书记关于家风建设的相关论述中得以充分体现，并结合新时代的时代特征和中国的具体国情作出了新的阐释,其在整个思想体系架构中起到了价值导向作用,是习近平总书记关于家风建设重要论述最根本的"文化基因"。

(二)中华优秀传统文化是文化土壤

纵观中华五千多年的悠久历史,"家"可谓中国传统文化中的一个基础性范畴。正如国学大师梁漱溟所言,家文化乃中国文化的核心及伦理本位之所在,掌握了家文化就可以提纲挈领地理解中国传统文化。家文化在传承发展的过程中受儒家学说影响较深,其价值取向带有浓厚的家国情怀,可概括为"修身,齐家,治国,平天下"。《礼记·大学》有云:古之欲明明德于天下者,先治其国;欲治其国者,先齐其家;欲齐其家者,先修其身。也就是说,修身乃齐家、治国、平天下之根本,个人的品格完善与家族治理、国家管理、天下太平息息相关。

习近平总书记关于家风建设的重要论述,传承了中华传统家文化的基本道德价值取向。在《习近平谈治国理政》第2卷中,习近平总书记谈到个人与家庭、家教、家风的关系,强调发挥家风的"育人"功能。"家庭是人生的第一个课堂","家庭不只是人们身体的住处,更是人们心灵的归宿。家风

> 学术圆桌

好,就能家道兴盛、和顺美满;家风差,难免殃及子孙、贻害社会",有鉴于此,只有当家庭承担起"帮助孩子扣好人生的第一粒扣子,迈好人生的第一个台阶"的重担,承载起帮助孩子"在为家庭谋幸福、为他人送温暖、为社会作贡献的过程中提高精神境界、培育文明风尚"的重任,才能为孩子的成长成才打下良好的思想基础、品德基础和人格基础,才能培育出对社会有贡献的人才。

习近平总书记关于家风建设的重要论述,从中华传统文化这一丰厚土壤中提取和传承了思想道德精髓,但传承并非简单的回溯,而是"要坚持古为今用、洋为中用,去粗取精、去伪存真,经过科学的扬弃后使之为我所用"。因此,习近平总书记关于家风建设的重要论述,在继承传统文化思想道德精髓的基础上,结合时代所需对其进行了创造性转化和创新性发展,对于培育和涵养新时代的良好家风具有指导性意义。

(三)无产阶级红色家风是文化源泉

老一辈革命家们大都怀有"革命理想高于天"的坚定信念,并能为之在艰苦卓绝的境况下奋斗一生,其家风的核心内涵可总结概括为"爱党爱国,忠于理想""克勤克俭,廉

学术圆桌

洁奉公""律己修身,不搞特殊"。例如,毛泽东同志对子女的家训是:"吃苦、求知、进步、向上",并立下了不搞特殊化的"待亲三原则",即"恋亲不为亲徇私,念旧不为旧谋利,济亲不为亲撑腰"。无论是陕北下乡还是工厂劳动,无论是苏联军校学习还是奔赴朝鲜战场,毛泽东同志都让自己的子女躬先士卒。这些"第一"既是毛泽东同志作为人民领袖高尚人格的真实写照,也是其清廉刚正的家风、家范的具体体现。朱德同志的传家之言则是非常朴实的八个字——"立德树人,勤俭持家",言近旨远地对后人提出了做人、处世的要求。周恩来同志的家训是"事能知足心常泰,人到无求品自高",微言大义,不仅是立身处世的教科书,而且是整齐门内的指南针。可见,作为一家之长的革命前辈们,在齐家实践中,不仅自己为党为国为民任劳任怨、尽忠职守,也将子女教育、家风建设与报国为民的崇高目标紧密地联系起来。

习近平总书记关于家风建设的重要论述,秉承了老一辈优秀共产党人的"初心"。革命先辈们终其一生所为之奋斗的理想,正是所有共产党人的"初心"和使命所在,即"为人民谋幸福,为民族谋复兴",这也是习近平总书记所提中国梦的题中应有之意。在会见第一届全国文明家庭代表时,习近平总书记强调,各级领导干部特别是高级干部要"继承

> 学术圆桌

和弘扬革命前辈的红色家风，向焦裕禄、谷文昌、杨善洲等同志学习，做家风建设的表率，把修身、齐家落到实处"。显然，革命前辈的优秀家风为习近平总书记关于家风建设重要论述的形成，注入了红色文化的活力和源泉，弘扬老一辈革命家的红色家风，既是新时代党员领导干部家风建设的现实需要，也是建设"好国风"的必然需要。

生成逻辑

习近平总书记关于家风建设重要论述的内涵丰富而深刻，作为一个系统整体，有其内在逻辑。习近平总书记提出了关于注重家庭、家教、家风的几点希望，并从家庭建设在治国理政中的基础地位出发，以家庭的基础地位和重要功能为立论依据，深刻阐述了家教的基本内容，强调了家风建设的重要性，构建起"家庭、家教、家风"三位一体的家风建设体系。

（一）家庭为"基"

习近平总书记关于家风建设的重要论述，既有完整而系统的逻辑结构，又有深刻而丰富的内涵层次。在"家庭、家教、家风"三位一体的家风建设论述体系中，家庭是家风建

学术圆桌

设的基石，这主要由家庭在社会发展和国家运转中的基础地位和功能定位所决定的。

家庭的基础地位决定家庭是家风建设的基石。习近平总书记曾多次强调"家庭是社会的细胞"，指出家庭在社会中的基础性地位。其一，家庭是社会结构的基本组成单位，无论过去、现在还是将来，绝大多数人都生活在家庭之中。新的技术、观念、生活方式的出现，也许会冲击和改变未来人们的家庭结构和家庭生活模式，但并不会动摇由血缘纽带和亲情关系所维持的家庭存在的本质，因此家庭始终是维系人们社会生活的基本组成单位。其二，家庭是人们心灵的根本归宿。家庭不只是人们身体的住处，更是人们心灵的归宿。无论人们身处何方、境况如何，其内心始终为亲情所牵、为家庭所绊，家庭在人们心中的根本性地位无可动摇。

家庭无可代替的基本功能决定家庭是家风建设的基石，正如习近平总书记所强调的，家庭的生活依托不可替代，家庭的社会功能不可替代，家庭的文明作用不可替代。其一，生活功能。家庭是人们进行社会生活的重要依托，无论是衣食住行、传宗接代等物质生活，还是情感交流等精神需求，都必须以家庭为依托才能得以实现。其二，教化功能。家庭是每个个体成为"社会人"的第一所学校。"家庭是人生的

> 学术圆桌

第一个课堂，父母是孩子的第一任老师。"家庭的教育好坏和父母的素养高低直接决定了能培养出什么样的人，因此家庭在个体进行"社会人"角色转换的过程中，在为社会培养合格公民的问题上起到了基础性的决定作用。

家庭在社会、国家发展中的基础地位和其无可代替的重要功能，决定了家庭是习近平总书记关于家风建设重要论述中的逻辑起点和立论依据。深刻认识并发挥好家庭的基本定位与社会效能，是领悟习近平总书记关于家风建设重要论述精髓、稳固落实家风建设的重要基点。

（二）家教为"用"

"体"与"用"是中国古代哲学的一对重要范畴，"体"指内在本质，"用"指外在表现，"用"是"体"的发挥运用，两者相辅相成。在习近平总书记家风建设论述体系中，家风与家教正是这样的"体用"关系。如果说家风是家庭的精神内核，那么家教便是精神内核的具体体现。

习近平总书记提出，"希望大家注重家教"。所谓家教，即家庭教育、家庭教养。家庭教育的内容是家庭精神内核的具体体现，有什么样的家教，就有什么样的人，因此要发挥利用好家庭教育对人的引导作用。

如何传承好家风

学术圆桌

首先，要强化思想品德教育在家庭教育中的重要地位。"家庭教育涉及很多方面，但最重要的是品德教育，是如何做人的教育。"成功的家庭教育不仅要教孩子学知识，更要教孩子学做人。品德问题无小事，家长应当把如何做人摆在家庭教育的首要位置，将品德教育渗透进与孩子相处的一言一行中。习近平总书记以自身为例，讲述了母亲如何以孟母三迁、岳母刺字、画荻教子等故事教育幼时的自己；并对品德教育提出具体要求："作为父母和家长，应该把美好的道德观念从小就传递给孩子，引导他们有做人的气节和骨气，帮助他们形成美好心灵，促使他们健康成长，长大后成为对国家和人民有用的人。"家庭是孩子接受品德教育的第一所学校，品德教育必须从小抓起、从细节抓起、从实处抓起，这是习近平总书记强调的家庭教育中最为重要的内容。

其次，要在家庭中培育和践行社会主义核心价值观，传播传统美德、提高精神境界、引领文明风尚。一方面，家庭教育的目的之一是为国家和社会培育有理想、有道德、有文化、有纪律的好公民，因此家庭教育本身就具有一定的政治要求，正如习近平总书记所强调的，"引导家庭成员特别是下一代热爱党、热爱祖国、热爱人民、热爱中华民族"。家庭是培育和践行社会主义核心价值观的社会基础，把家庭成

> 学术圆桌

员培养成为合格的社会主义公民，是家庭教育的责任和义务。另一方面，家庭教育的内容与社会主义核心价值观的价值要求有相通之处。社会主义核心价值观中提出对公民个人层面的价值要求，即"爱国、敬业、诚信、友善"，这本就是良好家风的精神内核，更是家庭教育的重要内容。通过家庭来培育和践行社会主义核心价值观，使社会主义核心价值观更加生活化、常态化，更容易渗透到日常生活的方方面面，成为人们发自内心遵守的行为规范。

（三）家风为"体"

"体"指事物内部最根本的东西。习近平总书记关于家风建设的重要论述，顾名思义是以建设"好家风"为根本追求的。家风既是家庭的风尚，代表着一个家庭精神层面的价值取向和行为准则，又是社会风气的重要组成部分，从家庭风气好坏便可窥见社会风貌如何，正如习近平总书记所强调的，家风是一个家庭的精神内核，也是一个社会的价值缩影。因此抓好家风建设，是形成风清气正的社会风尚的基础和根本，是习近平总书记家风建设论述体系的核心和关键。习近平总书记从治国理政的高度强调了家风建设的重要意义，并对家风建设的相关社会问题展开了精辟论述。

> **学术圆桌**

首先,强调家风的重要作用。家风的好坏不仅关系到家道兴盛,而且关系到社会和谐,正所谓"积善之家,必有余庆;积不善之家,必有余殃"。一方面,家风潜移默化地影响着家庭成员的思想和行为,对家庭成员的健康成长乃至整个家族的兴衰起着至关重要的作用。另一方面,家风是社会风气的基础,社会主义精神文明的形成必须落脚到以个体家庭风气的建设为对象,坚持守正笃实、久久为功。

其次,提出要弘扬优秀传统家风和老一辈革命家的优良家风。"诸葛亮诫子格言、颜氏家训、朱子家训等,都是在倡导一种家风。"这种家风便是传统家风。中国传统家风以儒家倡导的"修身,齐家,治国,平天下"为其核心观念,以"仁义礼智信"五德为其价值取向,以《颜氏家训》《郑氏家训》《朱子家训》《曾国藩家书》等为代表的家教、家学、家训为其具体传承方式。传统家风是中华优秀传统文化的精粹,是先人留给我们的智慧宝库,应当充分利用、传承发扬。同时,习近平总书记强调,"毛泽东、周恩来、朱德同志等老一辈革命家都高度重视家风",指出了弘扬老一辈革命家优良红色家风的重要性。革命先辈们在长期的革命建设与改革实践中所培育的优良红色家风是一笔宝贵的精神财富,其崇高而坚定的理想信念、不谋私利的廉洁精神、知行合一的

学术圆桌

以身示范，时时刻刻激励并警醒着所有共产党人，不仅有利于锻造中国共产党人的优良党风政风，而且对引领风清气正的社风国风具有重要作用。

再次，着重阐述了领导干部的家风建设问题。习近平总书记关于家风建设的重要论述，内涵丰富而深刻，既有总体要求，也有重点抓手，而领导干部的家风建设是其中最为重要的一个着力点。习近平总书记着重从三个方面，指出了领导干部的家风问题：其一，家风败坏往往是领导干部走向严重违纪违法的重要原因；其二，领导干部家风不是个人小事、家事，而是领导干部作风的重要表现；其三，领导干部的家风，不仅关系自己的家庭，而且关系党风政风。

同时，习近平总书记对广大党员干部提出了抓好家风建设的具体要求：一是党员领导干部要严格要求自己，打铁还需自身硬。习近平总书记在党的十八届五中全会上对广大党员干部提出了要求：做到廉以修身、廉以持家，广大党员干部必须从自身做起，只有自己行得正、走得直，才能做子女们的表率。二是党员领导干部要教育督促亲属子女和身边工作人员走正道。习近平总书记告诫领导干部，对子女的管教要比一般家庭更"严"一些，以免子女因为父母的职务产生优越感，要经常教育督促子女"树立遵纪守法、艰苦朴素、自食其力的良好观念"。

践履价值

（一）实现中华民族伟大复兴中国梦的"先手棋"

家和万事兴，将相和，国富强；家人和、业必兴；夫妻协、玉山成。习近平总书记深谙"家国一体"的道理，将"治家"作为"治国"的基点，以实现中华民族伟大复兴的中国梦作为其家风建设重要论述的目标指引，号召全社会注重家庭、注重家教、注重家风，从而淳化民风、改善社风，为实现中国梦提供强大精神动力。

拥有指导思想的建设实践才会事半功倍，习近平总书记关于家风建设的重要论述，作为习近平新时代中国特色社会主义思想的重要组成，为夺取中国特色社会主义的伟大胜利提供了有效的实践路径、科学的思想指南，是引领全国各族人民奋力实现中华民族伟大复兴中国梦的"先手棋"。

第一，家风淳民风。家风本是微缩的民风，具有化民成俗的无形力量。正所谓服民以道德，渐民以教化，家风具有教化民众规范言行的作用。从"小家"来看，家风好坏决定着家庭或家族的家业兴败和儿孙成长，从"大家"来看，家

学术圆桌

风决定了世风良莠。

家风既是民风的微观体现,也是塑造崇德向善的淳朴民风的重要着力点。早在儒家传统的"修齐治平"思想中,古代先贤已将个人德行与家庭、家族发展和国家治理联系起来。当今社会,传统意义上的大家族已经逐渐消失,新时代的家风建设应当更加注重对个人品行的培养与熏陶。习近平总书记关于家风建设的重要论述,汲取了传统文化精髓,顺应了新时代的潮流趋势,以提升个人品德修养为基础,带动家庭道德文明建设,唤醒广大民众和家庭崇德向善的道德自觉,以涵养民风建设。以好家风涵养淳朴民风,一方面应充分利用网络等新媒体手段扩大家风建设的影响力,另一方面要善于运用更加通俗易懂的语言,使新时代的家风理念更加容易为广大民众所理解、接受。例如,在许多农村地区,家风建设是随着新农村建设的开展而不断深入的,将新时代的家风理念与当地民俗、民情相结合,可以在潜移默化中化民成俗,使淳朴正气、崇德向善的民风蔚然壮大,以助力中华民族伟大复兴中国梦的实现。

第二,家风化社风。新时代的家风建设有利于引领社会主义精神文明和道德风尚的形成,开辟推进社会治理的新路径。家庭是社会的基本细胞,家风是社会风气的基本组成。

如何传承好家风

> **学术圆桌**

中国人历来推崇心正而后身修，身修而后家齐，家齐而后国治，国治而后天下平的治国之道。习近平总书记多次指出"要以好的家风支撑起好的社会风气"，强调"千千万万个家庭的家风好，社会风气才会好"。这些重要论述，都深刻阐述了家风建设与社会风气形成之间的正相关关系。

习近平总书记关于家风建设的重要论述，为社会主义精神文明和道德风尚的形成指引了前进方向。当今社会，人们面临的各种社会压力越来越多，家庭不仅是身体的居住地，而且是缓解和释放各种压力、让心灵得以安放之地。良好家风可以塑造良好品性和正确价值观，引导人们从容面对、疏解压力。家庭文明是社会文明的基础，良好家风是社会风气的指向标，不仅能熏陶自身及家庭成员的思想、行为方式，而且能带动他人养成良好品质，从而使文明的社会风尚源远流长。

习近平总书记关于家风建设的重要论述，为推进社会治理提出了崭新方案。进入新时代，我国社会主义现代化建设迎来新机遇的同时，也面临着新的挑战。我国当前正处于社会转型的关键时期，随着物质生活的逐渐改善，人们的物欲也在不断膨胀，不仅有的手握公权之人忘却初心，有的普通民众也在追名逐利的过程中丧失了为人的底线与操守。拜金

学术圆桌

主义、官僚主义等不正之风蔓延,成为社会风气的毒瘤,严重阻碍了中国梦的实现进程。家风则是矫正这些错误思潮、净化社会风气的最好应对方式。家风的本质是一种德,面对不正之风,家风可以唤起人们心灵深处最温暖、美好的记忆。习近平总书记关于家风建设的重要论述,可以引领人们在家庭和社会中养德、育德、践德,可以破除错误思潮的影响,推进社会主义精神文明建设,让浩然正气在全社会蔚然成风,进而加快中国梦的实现进程。

家庭是社会、国家的基本细胞,千千万万个家庭的力量足以夯实国家发展的根基。千家万户都好,国家才能好,民族才能好,每个个体、家庭都应努力做良好家风的倡导者和践行者,为促进社会风气好转、社会主义精神文明和道德风尚形成贡献一份力量。只有家庭和睦,社会才会安定;只有家庭幸福,社会才会祥和;只有家庭文明,社会才会和谐。

(二)营造风清气正政治生态的"催化剂"

习近平总书记关于家风建设的重要论述,深刻揭示了新时代家风建设,尤其是领导干部的家风与党风廉政建设的密切关系。习近平总书记指出"领导干部的家风,不仅关系自己的家庭,而且关系党风政风",强调"领导干部的家风,

> 学术圆桌

不是个人小事、家庭私事,而是领导干部作风的重要表现"。领导干部的作风是关系人心向背、关系党生死存亡的大事,官员贪腐、违法乱纪等社会问题的根源就在于家风败坏。建设良好家风有利于推动实现干部清正、政府清廉、政治清明。习近平总书记关于家风建设的重要论述,透视出党风廉政建设与新时代家风建设的内在共通性,并从全面从严治党的战略高度阐释了对家风建设的系列要求,有利于严肃党内政治生活,是营造风清气正政治生态的"催化剂"。

第一,家风沐党风。习近平总书记关于家风建设的重要论述,突破了对传统家风的定义,将新时代家风建设上升到治国理政的高度,利用领导干部家风培育与党风建设的内在共通性,把领导干部的家风好坏作为衡量领导干部作风的重要标准,开拓了党风建设理论的新视野,开辟了党风建设实践的新路径。

习近平总书记关于家风建设的重要论述,开拓了党风建设理论的新视野。家风与党风两个概念看似不相干,实则具有内在的关联。随着全面从严治党和反腐倡廉建设的不断推进,无数已有的事实表明,家风不正往往是官员贪腐和违法乱纪的根源,习近平总书记据此分析了全面从严治党和领导干部家风建设具有的内在共通性,将党员领导干部的家风建

> 学术圆桌

设作为全面从严治党的重要抓手，从责任主体的新视角加强对领导干部以及普通党员的管理和监督，使得家风建设成为党风建设的方向标，开拓了党风建设理论的视野。

习近平总书记关于家风建设的重要论述，开辟了党风建设实践的新路径。其一，习近平总书记关于家风建设的重要论述从时间、空间等维度，完善了对党员领导干部作风的监督管理机制。习近平总书记多次强调，领导干部的家风是个人作风的重要表现。基于此，党组织对广大党员、干部的工作和监督不应仅仅局限于上班时间，也要把其私人生活的内容和家风建设的情况纳入工作的职责范围内，不仅对党员、干部自身进行监督，"对亲属子女和身边工作人员，也要严格教育、严格管理、严格监督"。其二，习近平总书记关于家风建设的重要论述，将领导干部的家风建设作为加强党风建设的重要手段，为广大党员领导干部立德修身、树立正确价值观、拒腐防变指明了方向。习近平总书记在指导党风廉政建设时多次强调，党员干部要"廉洁修身、廉洁齐家。家风建设可以涵养党员领导干部的"官德"，提高其拒腐防变的能力，是将这些良好道德理念在实践中落细、落实的最优途径。其三，习近平总书记关于家风建设的重要论述，将领导干部的家风建设上升到制度层面，以内外合力加强党风建设。

> **学术圆桌**

家风本是一种内化于心影响人、外化于行规范人的精神道德，通过对个体思想和精神层面的引导发挥其作用。习近平总书记突破家风建设的传统模式，通过制定条例、准则等规章制度，把家风建设从理论层面上升到制度层面，以道德和制度的内外合力为营造风清气正的政治生态提供了新方法，为党风建设实践开辟了新路径。

领导干部队伍是中国共产党的执政骨干，没有千千万万领导干部的好家风、好作风来示范引领，党风建设也就无从谈起。因此，领导干部的家风建设是党风建设的基础性工程，其建设好坏关乎党的生死存亡、人心向背。习近平总书记关于家风建设的重要论述，具有很强的现实针对性，科学有效地解答了全面从严治党背景下新时代家风建设的内在要求，进一步夯实了党的执政根基。

第二，家风清政风。党员领导干部的好家风可以凝聚党心民心、塑造优良党风。好党风则可以带动形成好政风，改善政府机构的工作作风。因此，习近平总书记关于家风建设的重要论述，对于实现官员清正、政治清明和建设清廉、法治政府，具有重要指导意义。

习近平总书记关于家风建设的重要论述，有利于政府公职人员形成清正的工作作风。我国的各级政府官员大多数是

> 学术圆桌

党员,在一定意义上,党风直接代表着政风,党风政风都是"官风"的表现,党风如何直接决定了政风的好坏。与善人居,久而自芳;与恶人居,久而自臭。从严抓党员领导干部的家风建设入手,筑牢思想防线、提高防腐定力,建设一支坚强有力的纯洁的党员队伍作为领导力量,久而久之,为政清廉才能取信于民,秉公用权才能赢得人心的信念必会深入人心,各级政府公职人员之间定会形成风清气正的工作作风。

习近平总书记关于家风建设的重要论述,有利于推进清廉、法治政府建设。习近平总书记多次强调,新时代家风建设要从传统家风文化和老一辈革命家红色家风中汲取营养,各级政府公职人员应当主动学习和传承先辈们勤俭、务实、清廉、正直、自律等良好品质,助力建设更加清正廉洁的政府,扎实践行为人民服务的宗旨,切实维护人民群众的根本利益。同时,推进家风建设有利于带动领导干部树立牢固的法律底线和法律红线意识,使其在日常生活中遵纪守法、修身律己、廉洁齐家,为推动依法治国、建设法治政府提供了有力保障。

(三)弘扬社会主义核心价值观的"助推器"

家风是每个家庭和家族内部处事规范、道德信仰、精神

> **学术圆桌**

风貌等最核心价值理念的集合,对人的价值观形成和道德教化具有重要作用。习近平总书记关于家风建设的重要论述,吸取了中华优秀传统文化、革命文化和社会主义先进文化的思想道德精髓,与社会主义核心价值观同根同源、内涵相通,两者一个宏观抽象,一个微观具体,互为辅助、互为支撑。新时代家风建设通过加强家庭成员道德修养,为培育社会主义核心价值观奠定良好的人格基础,通过提升家庭凝聚力,为践行社会主义核心价值观孕育良好家庭氛围,是将社会主义核心价值观在家庭和社会生活中落细、落小、落实的最好载体和最优途径。因此,习近平总书记关于家风建设的重要论述,是培育和践行社会主义核心价值观的"助推器"。

第一,养心正德:奠定道德人格基础。社会主义核心价值观包含个人、社会、国家三个层面的内容,三个层面紧密联系,互为支撑却又层层递进,共同构成一个不可分割的有机整体。其中,爱国、敬业、诚信、友善是个人层面的价值要求,也是社会主义核心价值观的价值起点。正所谓心正而后身修,身修而后家齐,家齐而后国治,国治而后天下平。个体是家庭、社会、国家的基本构成,当爱国、敬业、诚信、友善等美好的道德品质在每个人心中形成,自由、平等、公正、法治的社会秩序和富强、民主、文明、和谐的法治国家

> 学术圆桌

也会实现。因此,个人层面的价值观是社会、国家层面价值观实现的前提,培育和践行社会主义核心价值观的根本就在于提升个人道德素质。

家风对个人的价值观形成和道德培养具有重要作用,良好的家风可以为社会主义核心价值观塑造合格的践行主体,奠定道德人格基础。家庭是人生的第一所学校,父母是孩子的第一任老师,青少年正处于价值观形成的关键时期,相比起学校教育和社会教育,家庭教育在青少年的道德塑造和人格养成方面更具先天优势,因此,家风好坏很大程度上影响和决定着青少年未来会成为什么样的人,决定了国家未来的公民道德素质水平。提升个人道德素质是培育和践行社会主义核心价值观最核心、最基础的环节,新时代的家风建设可以影响到人的生活习惯、品行操守、信仰追求等道德修养的方方面面,使家庭成员受到潜在性熏陶,为社会主义核心价值观塑造合格的践行主体。

无论是习近平总书记关于家风建设的重要论述,还是社会主义核心价值观,都是在吸取优秀传统文化、革命文化、社会主义先进文化的思想道德精髓的基础上,在中国特色社会主义建设的实践中逐渐提炼出的产物,两者同根同源,内涵中也有相通之处。社会主义核心价值观对个人层面的价值

学术圆桌

要求,也是新时代家风建设的题中应有之义,所以加强家风建设本身就是对社会主义核心价值观的践行。

第二,固亲培德:孕育良好家庭氛围。以习近平总书记关于家风建设的重要论述为指导的新时代家风建设,有利于凝聚家庭成员的向心力,有利于传承优秀传统家庭美德,有助于开展家庭教育,从而孕育良好家庭氛围,更好地在家庭中培育和践行社会主义核心价值观。

良好家风可以增强家庭成员的凝聚力,有利于家庭的幸福和睦。习近平总书记有着浓厚的家国情怀,既注重"大家",也关心"小家";既注重家庭建设,也关心个人发展,而个人由于受到血缘和情感的羁绊,总是生活在一定的家庭关系之中。夫妻、父子等家庭关系是世间最亲密、真挚的情感关系,营造和谐舒适的家庭关系,增进每个家庭成员对家庭观念的心理认同,提升家庭的凝聚力和向心力,是习近平总书记关于家风建设重要论述形成的初衷和发展的动因。

优良家风能够传承和培育家庭美德,有助于家庭的文明和谐。弘扬优良家风,可以传承和培育新时代家庭美德,从正面建立合理道德规范的同时,也能从反面警醒家庭道德失范行为,对维护家庭秩序具有双重作用,对营造良好家庭氛围具有突出效果。一方面,家风建设有助于传承和培育新时

> 学术圆桌

代家庭美德。中国传统家风文化中有许多诸如仁爱孝慈、兄友弟恭、亲仁善邻、勤俭持家等值得继承的家庭美德精髓，而随着封建社会的消亡，家风文化也由盛转衰，致使很多传统家庭美德逐渐被人们所淡忘；老一辈革命家的红色家风是革命时代优良家庭美德的具体体现，在中国革命和社会主义事业建设过程中，为党和人民提供了强大的精神动力；新时代的家庭美德是社会主义道德在家庭生活中的生动体现，正是对传统美德与革命道德精粹的继承与发展。习近平总书记多次强调，"不忘历史才能开创未来，善于继承才能更好创新"。新时代重拾家风建设，其实是在呼吁传统家风和红色家风中优秀家庭美德的回归和传承，推进新时代家庭美德的培育与发展，这既是推动文明家庭建设的重要之举，也是延续中华文化血脉的应有之义。另一方面，家风建设也能从反面警示家庭失德、失范行为。家风是一种约束人心的道德准则，是规范行为的无形力量，优良家风在传播正确道德观念和价值理念的同时，也是对家庭失德行为的严重警醒和有力批判。

家风建设有利于家庭教育的开展，保障家庭成员健康成长。优良的家风不仅利于增进家庭成员亲密关系和传承培育家庭美德，还是家长对子女开展家庭教育的有效助力。传

> 学术圆桌

统家风和老一辈革命家家风中不仅蕴含着丰富的家庭美德精髓,也留给了后世大量具有很强针对性、实践性和感染力的家庭教育经验。通过吸取先贤前辈们的家风、家教经验,进而开展健康的家庭教育,有助于营造和创设良好的家庭氛围,为下一代的成长成才提供有力保障。

第三,化民育德:构建双向传播渠道。习近平总书记关于家风建设的重要论述,将新时代的家风建设与社会主义核心价值观的践行紧密联系起来,为两者搭建了一种双向的传播渠道。社会主义核心价值观的引领为家风建设赋予了新的时代内涵,而新时代的家风建设也为社会主义核心价值观的践行提供了落细、落小、落实的有效途径。

家风思想中以和为贵、与人为善、自强不息、诚实守信等价值理念,与社会主义核心价值观所倡导的诸多价值准则的内涵相契合,这是两者能够结合的前提。一方面,社会主义核心价值观的引领为家风建设赋予了新的时代内涵。好家风是民族精神和道德精华的沉淀,中华优秀家风的内涵几乎全面契合社会主义核心价值观,而社会主义核心价值观不仅涵盖了中华优秀家风的精髓,而且在此之上注入了自由、平等、民主、法治等新理念,还强调由个人层面的价值向社会、国家层面价值的过渡与提升,为家风建设赋予了新的时代内

> 学术圆桌

涵。另一方面，家风建设也是社会主义核心价值观落细、落小、落实的践行途径。微观载体家风可以使宏观抽象的价值观深入浅出，通过家规、家训等家风的具体传承方式来践行社会主义核心价值观，可以使其更加生动直观；通过家教来教育孩子养成勤俭、诚实、善良、正直等美好品行，可以使社会主义核心价值观更加贴近百姓日常生活，真正实现内化于心、外化于行。

（四）坚定文化自信的"奠基石"

党的十八大以来，习近平总书记多次提到文化自信，并将其与道路自信、理论自信和制度自信并列为中国特色社会主义的"第四个自信"。文化自信作为"更基础、更广泛、更深厚"的自信，其浑厚的底气来自源远流长、博大精深的优秀传统文化，鲜明独特、奋发向上的革命文化以及承前启后、继往开来的社会主义先进文化，而这些也正是习近平总书记关于家风建设重要论述的文化源头。新时代重拾家风建设，既是对传统文化、革命文化、先进文化的继承与发展，也是对文化自信的坚定。

第一，推陈出新：以家风振传统文化。新时代家风建设，有利于推陈出新、重振优秀传统文化。五千多年的中华文明

> **学术圆桌**

孕育了博大精深的中华优秀传统文化，中华优秀传统文化是中华民族的"根"和"魂"，家文化则是中华优秀传统文化的核心。习近平总书记多次强调善于继承才能更好创新，其关于家风建设的重要论述，吸纳了传统家文化"修齐治平"的思想和"德治"理念，并以此为价值基础，与社会主义核心价值观相结合，推进新时代的家风建设。由家文化所衍生的家风、家训等，本就是中华优秀传统文化的重要组成，习近平总书记关于家风建设的重要论述，正是在此基础上的推陈出新。因此，重拾家风建设，有利于引领中华优秀传统文化重回大众视野。

习近平总书记关于家风建设的重要论述，继承发展了中华优秀传统文化的"修齐治平"理想。"修齐治平"理想出自《礼记·大学》，儒家主张"天下为公"，强调个人的社会责任担当，认为个人修身与社会和谐之间有着内在的逻辑关系。习近平总书记关于家风建设的重要论述，遵循并继承了"修齐治平"理想的内在逻辑，还结合新时代的特征赋予了新的侧重点。例如，在修身层面更加注重个人品德的培育，在齐家方面特别强调了党员领导干部廉洁齐家的家风建设，在治国方面突出了"以德治国"的重要性，由个人之小"德"扩展到国家之大"德"。

> 学术圆桌

习近平总书记关于家风建设的重要论述，继承发展了传统"德治"理念，并实现了其与社会主义核心价值观的结合。习近平总书记要求新时代的家风建设，认真汲取优秀传统文化的思想道德精华，学习传统"德治"理念中对个人道德修养的要求，并结合社会主义核心价值观对其做出了新的阐释，实现了两者的结合。习近平总书记关于家风建设的重要论述，是对传统文化的批判继承和推陈出新，只有在继承的基础上发展，才能更好地在发展的过程中继承。

第二，牢记初心：以家风扬革命文化。新时代家风建设，有利于警醒共产党人牢记初心、弘扬革命文化。中国革命文化，又称红色文化，是由中国共产党领导人民群众所创造的、在伟大革命实践过程中形成的重要文化成果。革命文化蕴含着诸多高尚精神品质，为革命实践提供了不竭的精神动力，也警醒着所有共产党人应始终葆有为中国人民谋幸福、为中华民族谋复兴的初心和使命。

红色家风是老一辈无产阶级革命家在长期革命、建设、改革的历史实践过程中形成的家庭风尚，凝结着革命先辈的经验与智慧，是中国共产党人立党为公、忠诚为民的崇高理想、坚定信念、勇往直前的奋斗精神和百折不挠、艰苦朴素的生活作风在家庭生活中的具体体现，是革命文化的重要组

学术圆桌

成部分。

习近平总书记关于家风建设的重要论述,继承并发展了老一辈革命家的红色家风。在家风建设的相关论述中,习近平总书记特别强调了党员领导干部的家风建设,并要求各级领导干部应当"向焦裕禄、谷文昌、杨善洲等同志学习,做好家风建设的表率,把修身、齐家落到实处"。2016年2月,中纪委官网头条推出"家书与家风"栏目,通过一页一页泛黄的先烈家书以及家书中革命先辈对子女的谆谆教诲,来唤醒共产党人对革命事业的激情和信仰、对共产党人初心和使命的牢记。革命前辈的优秀家风典范有着深刻的文化内涵和丰富的历史底蕴,是先人留给后世的宝贵精神财富,对于新时代家风建设有着重要意义。习近平总书记关于家风建设的重要论述,从红色家风中传承了老一辈革命家的崇高精神,继承了共产党人的优秀红色基因,使人们在不断提高的物质生活水平中不被膨胀的物欲所迷惑,仍能保持勤俭朴实、吃苦耐劳的生活作风,有利于秉承共产党人的初心和使命,有利于传承和弘扬革命文化。

第三,身体力行:以家风倡先进文化。新时代家风建设,有利于身体力行、带动先进文化发展。先进文化是指以马克思主义为指导的,面向现代化、面向世界、面向未来的,

学术圆桌

民族的、科学的、大众的社会主义文化。先进文化是马克思主义基本原理同中国文化相结合而产生的新文化，在当代中国，发展先进文化，就是建设社会主义精神文明。而习近平总书记关于家风建设的重要论述，是马克思主义家庭观与传统家风、老一辈革命家红色家风相结合而诞生的文化成果，习近平总书记多次强调结合社会主义核心价值观的践行，推进新时代家风建设。因此，从一定意义上来讲，习近平总书记关于家风建设的重要论述，正是中国先进文化的重要组成部分，推进新时代家风建设就是带动中国先进文化的发展。

社会主义先进文化是马克思主义基本原理同中国文化相结合而产生的一种新文化。而习近平总书记关于家风建设的重要论述，是在汲取马克思主义家庭观与中国传统家风、老一辈革命家红色家风思想精髓的基础上形成发展起来的，是在马克思主义指导下的、符合现代科学精神和新时代特征的中国文化。因此，习近平总书记关于家风建设重要论述的形成与发展，本就是对社会主义先进文化内容的不断丰富。

良好的家风对社会而言，就是一种道德的力量。习近平总书记多次强调建设新时代家风要结合社会主义核心价值观的培育与践行，家风的本质就是一种"德"，既是个人之德，

> **学术圆桌**

也是国家和社会之德，辐射良好家风在公民道德建设中的影响力，可以在社会中传播正能量，激发人们心中崇德向善的力量，从而推进社会主义精神文明建设。以习近平总书记关于家风建设的重要论述为指引，推进新时代家风建设，就是在身体力行地带动社会主义先进文化的发展。

《马克思主义研究》（2020 年第 02 期）

学术圆桌

领导干部家风建设要拧紧思想"总开关"

孙 洁

家风意味着传承一种基因,意味着延续一种精神。领导干部的家风不仅是领导干部向子女言传身教,助力子女成长成才的"教科书";而且是折射领导干部如何看待社会这个大家庭,如何用权如何律己的"宣言书"。马克思在《关于费尔巴哈的提纲》中指出:"人的本质是一切社会关系的总和。"家庭是每个人最重要的社会关系之一,不论时代如何变化,家庭始终同个人发展息息相关,领导干部的家风也始终同个人作风息息相关。家风连着党风,党风关乎民心。领导干部进行家风建设,就是从源头开始,固本培元抓作风,进一步做到治家、治党、治国的有机结合与辩证统一。只有把握好领导干部家风建设思想"总开关",才能更好治于一域、精于一业、系于一方,更好地为人民服务。

> 学术圆桌

领导干部家风建设的重要性

（一）好家风是遏制腐败的"防护网"

党的十八大以来，仍然有领导干部在家风问题上"失足落水"，从作风问题一步一步滑向违纪违法的深渊。领导干部身居要位，为人民守业有责，面对各类诱惑自然要坚守好底线。但梳理十八大以来腐败落马的领导干部，有的干部是因为家属被巨额利益诱惑"撕开了口子"，进而出现各种父子档、夫妻档、兄弟档腐败，出现领导干部纵容家属在幕后收钱敛财、子女等利用父母影响经商谋利、大发不义之财等严重危害人民群众利益的违纪违法问题。家风不正的教训，不可谓不深刻。

家风正，则后代正，则源头正，则国正。领导干部好家风的失守就是违反作风纪律的开始，是丧失党性的开始，是滑向违纪违法深渊的开始。良好的家风，能够为领导干部织起一张遏制腐败的"防护网"，也是一张保护领导干部家庭成员的"防护网"，能够强力抵御各类不正当利益的侵蚀；同时，领导干部在面对各类诱惑、风险挑战时，也能从家庭中获得支持和养料，保持"两袖清风"的定力，从根源上实现"防腐拒变"。

> 学术圆桌

（二）好家风是党风正、民风好、国风善的"助推器"

"一家仁，一国兴仁；一家让，一国兴让。"家庭是人类社会中最古老、最基本的组织形式。无数小家组成一个国家，无数小家的价值理念共同决定国家的兴衰。作为"社会人"，领导干部本质上也不能脱离家庭关系而存在，天然地具有子女、亲属等社会身份。"治人者必先自治"。领导干部服务人民群众，为公共利益"守门"，领导着一方百姓或一项事关人民福祉的事业，备受人民群众关注。领导干部的家风建设不是自家小事或者私事，同样也代表着公权力的形象。领导干部的家风通过其影响力影响社会风气，进而影响千千万万个家庭。正是由于家风建设具有潜移默化的作用，所以每一个领导干部的家庭建设、家教风气是推动党风、政风、民风、国风持续向好的关键。

良好的领导干部家风能够发挥正面榜样性作用，净化社会风气，提振社会精神文明水平；反之，则会助长社会不良风气，使家风与社风相互侵蚀，产生负面外部效应，引发投机钻营、豪夺鲸吞，从而激化社会矛盾，影响党群关系。领导干部对其家人的徇私用权更会直接损害党和政府的形象，背离"治人者必先自治"的原则，直接损害公权力的权威性，

> 学术圆桌

直接破坏政治生态。所以领导干部需要重视家庭建设，使良好的家风成为党风正、民风好、国风善的"助推器"。

（三）好家风是推动文化自信的"发酵剂"

家风是在家庭教育中价值观念和性格特征代际传承的集中体现，对整个家庭成员的价值观、世界观、人生观的形成起着重要作用。好家风体现了各时代文化的历史缩影，是优秀中华传统文化的一部分，体现了人民群众对家庭关系的深刻思考，蕴含着深刻的哲理。"家之兴替，在于礼义，不在于富贵贫贱"，显示了良好的家风建设，能够为后代留下正确的价值观、财富观，使整个家族在精神上富有，并不断创造新的财富，而不是靠留下来的财产坐吃山空。"俭，德之共也，其在居官为尤宜。精忠报国，非此不完。勤慎立身，非此不备"，则昭示了领导干部从俭为德，勤慎修身的为官之道。

家风建设在中国历史的长河中不断发展、厚重，领导干部可以在家风建设中感受中华民族优秀传统文化给予的力量，也能从一个个如"六尺巷"这样的故事里，窥见好家风、好作风对于领导干部的奠基性作用。反过来看，好家风也为中华民族形成自尊心与自信心提供了精神渊源，领导干部家风建设，更能与自己的家庭一同作为"发酵"中华民族文化

学术圆桌

自信的"酵母",因为身体力行,所以国人自信;因为自信,更多人身体力行。好家风是推动文化自信的"发酵剂"。

推动家风建设要设立思想闸口

(一)敬畏权力,如履薄冰

"心有敬畏,行有所止。"权力观是领导干部进行家风建设的第一道思想闸口。领导干部要树立正确的权力观,最根本的就是要明确权力来源于何处,理顺权力观与利益观、地位观三者之间的关系。正是由于人民群众将权力赋予党、衷心拥护党,党有义务保障人民利益,为人民利益而奋斗。

领导干部在进行家风建设时需要注意到权力观是基础,对利益观和地位观起决定作用,有什么样的权力观,就有什么样的利益观和地位观。领导干部家风建设只有正确对待"人情世故的交汇处"和"各种贿赂犯罪的指向点",才能树立正确的利益观,不会迷失在利益糖衣炮弹的进攻中,对权力有敬畏,始终把握好权力行使的正确方向。

(二)敬畏人民,不忘初心

"自天子以至于庶人,未有无所畏惧而不亡者也。上畏

> **学术圆桌**

天，下畏民，畏言官于一时，畏史官于后世。"群众观是领导干部进行家风建设的第二道思想闸口。

我们党在任何时候都将人民群众利益放在第一位，坚持一切为了人民，一切依靠人民，从群众中来到群众中去的人民群众观。这是我们党的立党根本、执政之基，领导干部绝对不能脱离群众、凌驾于社会之上，要始终受到人民群众的监督。所以领导干部在进行家风建设时要时刻将人民利益放在首位，看淡名利，多做对人民、社会、国家有利的事情。

（三）敬畏历史，行稳致远

"畏则不敢肆而德以成，无畏则从其所欲而及于祸。"历史观是领导干部进行家风建设的第三道思想闸口。中国共产党的历史观不是虚无主义更不是唯心主义的，而是唯物主义的，内在因素又是历史现象发生变化的决定因素。

纵观中华文明5000多年历史，一直存在"积善之家，必有余庆；积不善之家，必有余殃"的规律，脱离群众，家庭式腐败是历代政权衰败规律的开端。领导干部要明确内因是事物发生根本性变化的因素，善于抓住历史规律，以史明鉴才能行稳致远。要时刻警醒自己"物必自腐，而后虫生"的生活哲理，明确增强党性修养以及面对外界诱惑考验树立

> 学术圆桌

良好家风的重要性。

拧紧家风建设的思想总开关

（一）发挥榜样性，以规治家

领导干部必须以更高的要求、更严的标准，要求自己。"典型本身就是一种政治力量"，重视家风建设，既为领导干部的规则意识提供养分供给，引导领导干部在生活中坚守家规，又使其在工作中遵守法规，发挥榜样性作用。

"与人不求备，检身若不及"，修身齐家是领导干部为人民群众服务的必修课，需要注重克己修身、自我约束的重要性。注重家风建设，以规治家，将家规与党规、法规相互融合，发挥三者之间互相补充、依靠的系统性作用，在严格约束自己的同时，也严格要求配偶、子女，与家庭成员多沟通，统一按规矩办事意识，达成不越法规红线原则共识，坚持认认真真学习、老老实实做人、干干净净做事的标准，自觉秉公用权，把握"家庭亲情"与"公共权力"的边界和尺度，真正做到为党和人民的事业奋斗终生，不为名所累、不为利所困、不为情所惑。

> 学术圆桌

（二）回归传承性，以史为鉴

家风建设是中华优秀传统文化的组成部分，中国传统家风与中国传统文化相互共生、不断深厚积淀。古往今来，很多有关家风家教的历史典故不断流传，如孟母三迁、岳母刺字等，而这些家风故事则经过政治统治者的不断提升，形成制度化、规范化教育，成为包含倡导仁爱、勤俭、孝道等内容在内的价值观。

领导干部要善于汲取其中正确的价值观融入家风建设中，以身作则，坚守家风的传承性。在把握"奢靡之始，危亡之渐"的历史兴亡规律同时，要"常修为政之德、常思贪欲之害、常怀律己之心"，以自重、自省、自警、自立的客观态度对待家风建设，做到慎权、慎独、慎微、慎友。

（三）增添时代性，以民为重

在从优良的传统文化传承优良家风的同时，领导干部进行家风建设更要注重家风建设的时代性。积极融入社会主义核心价值观，传承红色基因，提高家庭成员法治意识、敬业意识、边界意识，做到既有"情"又懂理；做到知法知纪、敬畏人民。

> **学术圆桌**
>
> 目前，我国全面深化改革已经进入深水区，面对"四大考验""四种危险"，领导干部更要从自身做起，积极修身、齐家，增强党性修养，做到立身不忘做人之本、为政不移公仆之心、用权不谋一己之私，接受人民的监督。
>
> 《中国党政干部论坛》（2020年第02期）

学术圆桌

新时代家庭家教家风建设的高质量发展

靳凤林

"家"不仅承载着中国人生命创造与生存实践的美好愿景,而且体现着中华民族精神生活的终极价值追求。这使得家文化不仅成为理解中国 5000 多年历史文明的基因密码,而且是见证当代中国社会变迁的重要标识,还在很大程度上影响着中国社会未来发展的逻辑进路。

数千年来,中华民族的家庭家教家风传统源远流长,并具有跨越朝代更替和地域伸缩等时空限制的卓越特质。然而,自从中华民族进入近现代以来,中国传统家庭家教家风建设不仅遇到了外部生活方式、工作方式乃至整体性生存方式的巨大冲击,而且在其内部思想世界也遭遇到深层价值结构冲突的重大挑战。如何应对当代中国家庭家教家风建设遇到的上述冲击与挑战,成为我国社会各界长期关注的热点和难点问题。

党的十八大以来,以习近平同志为核心的党中央,高举

> 学术圆桌

习近平新时代中国特色社会主义思想伟大旗帜，在文化强国尤其是在精神文明建设领域高度重视家庭家教家风建设：一方面，以马克思主义家庭家教家风理论为指引，大力赓续红色家庭家教家风基因，自觉对中国优秀家庭家教家风传统予以创造性转化、创新性发展；另一方面，结合当代中国家庭家教家风建设遇到的突出问题，从深化教育引导、推动实践养成、净化网络空间、发挥制度保障等多个层面不断加大投入，大大地推动了我国新时代家庭家教家风建设的高质量发展。

中华民族传统家庭家教家风建设的独特历史品性

一个民族的文明样态及其运演态势，不仅受到其经济水平、政治状况等因素的广泛作用，而且受到地理环境的深刻影响。中国古代社会的最大特点是以血缘关系为纽带，建构起系统而完备的家族宗法制度，并通过嫡子之制、庙数之制、分封之制延伸至国家的政治制度之中，最终形成完备的家庭、家族与国家在组织结构上的高度共通性。这种"家国同构"的基本格局导致了忠孝相通、忠孝同义，致使家庭家教家风建设成为社会和国家存续的道德根基。

我国商朝的王位继承方式是兄终弟及制，周代王室则采

> **学术圆桌**

取嫡长子继承制,古人把商周时代的家族宗法制称为"殷道亲亲,周道尊尊"。秦汉以后,尽管中国社会时常遭遇周期性动荡,但因深受"三纲五常"思想的熏染,由血缘纽带联系起来的家庭家教家风文化自始至终非常稳固。到魏晋南北朝时,豪门大族层出不穷,家谱族谱的编写蔚然成风,开后世家训文化先河的《颜氏家训》就形成于这一时期。宋代的二程和朱熹将宗子立法视作尊族重本和收拾人心的重要手段,民间建造宗祠之风兴起,家法族规和家训乡约的订立广泛流行,使得家庭家教家风建设受到空前重视。元明清三代在程朱理学和陆王心学的影响下,以家庭家教家风建设为核心的礼仪教化活动进一步得到加强,尽管有李贽、黄宗羲、颜元、戴震等思想家对传统家庭家教家风建设的深刻反思,但尊老爱幼、妻贤夫安、兄友弟恭、知书达理、勤俭持家、耕读传家的中国传统家庭家教家风并未发生质性变异。直到鸦片战争和辛亥革命之后,在外来冲击和内部激荡双重因素作用下,中国传统家庭家教家风建设,开始走向缓慢而艰难的现代性蜕变历程。

中国传统家庭家教家风建设在氤氲化润华夏文明过程中,形成了独具特色的理论架构。《尚书·尧典》曰:"克明俊德,以亲九族;九族既睦,平章百姓;百姓昭明,协和万

学术圆桌

邦。"这里展现的是"修身、齐家、治国、平天下"的过程。其间,"仁"既是人之为人最基本的德性,也是家庭家教家风建设的最高德目,为历代统治阶级和普通百姓所普遍认可,堪称中华民族的共德和恒德。仁德的核心是爱人,爱人的根本是家庭宗族内部的孝悌之情,故《论语·学而》曰:"孝悌也者,其为仁之本欤"。孝悌之德的核心内容是父慈子孝、兄友弟恭。由此生发出中国最重要的五种人伦关系,即《孟子·滕文公上》提出的"父子有亲,君臣有义,夫妇有别,长幼有序,朋友有信"。这里的"父子有亲"是说父母子女之间要充满温情与亲密,在人出生后的所有人际关系中,父母与子女血脉相连,父母必须关爱子女,子女要孝敬父母,我国古人称之为"天伦",被列为五伦之首。"君臣有义"是指君主与臣下之间要讲求道义,君主不义会丧失政权,臣子不义会遭受惩罚。"夫妇有别"是指丈夫和妻子由于生理和心理不同,应该遵循各自不同的伦理规范,丈夫要具备阳刚之气,妻子应展现阴柔之美,各自承担起应负的家庭责任。"长幼有序"是指兄弟之间或长辈与晚辈之间应该具有的交往秩序,大者爱护小者,小者尊敬长者,彼此融洽相处,不可弱肉强食。"朋友有信"是指朋友之间要建立平等与信任的关系,只有彼此讲究信义,才能获得永恒友谊。正是这种

> **学术圆桌**

个人伦理—家庭伦理—宗族伦理—社会伦理—国家伦理的一以贯之,建立起中华民族家庭家教家风建设丰富的道德资源库。

与欧美国家建基在"两希"(古希伯来和古希腊)文明之上的用"神家"贬低"人家"的基督教家庭家教家风特质相比,中国传统家庭家教家风建设具有三个典型特征。一是义务至上主义。在中国传统家庭家教家风建设中被反复阐明的"十义",即父慈、子孝,兄良、弟悌,夫义、妇听,长惠、幼顺,君仁、臣忠,其根本要旨是强调道德义务和责任的神圣性,以及履行道德义务和责任的重要性,无论是行为义务论,还是规则义务论,均把人的良心和动机是否符合义务责任要求视作道德与否的标尺,这同西方家庭家教家风建设中追求个体自由与权利的中古神圣契约论和现代世俗契约论存在本质区别。

二是道德理想主义。中国传统家庭家教家风建设高度重视家庭成员个人的修身养性,家庭生活的实质在于如何克己修身,判断家庭中任何事情的对错,先要反求诸己,在个体欲望与家庭秩序、个人利益与宗族社会要求发生冲突时,宁可克制自己的欲望和减损个人的正当利益,也要维护家族与社会的利益。

> 学术圆桌

三是伦理中心主义。由于在中国传统家庭家教家风建设的人伦设计中，人只有在以血缘为本位的各种关系中才能确定自己的家庭地位，如果抽掉了个人的人伦身份角色，个体人格就失去了存在的价值与意义。因此，个体只有在家庭、社会、国家的伦理秩序中安伦尽份，维护好人伦整体的和谐与稳定，才能从尽己之性到尽人之性，从尽人之性到尽物之性，在赞天地之化育并与天地参中实现天人合一的理想人生境界，从而使家庭家教家风建设由遵循"天道"的"实然"走向恪守"人道"的"应然"。

近现代以来中国传统家庭家教家风建设面临的重大挑战

近现代以来，中国社会在西方坚船利炮裹挟下结束了清王朝闭关锁国状态，被动融入工业化、城市化、经济全球化的"三千年未有之大变局"中，在这种澎湃激荡的浪潮冲击之下，人们的生活方式、生产方式乃至整体性生存方式都在经历着长时段、大范围的深刻性历史转型，致使中国传统家庭家教家风建设遭遇到亘古未有的重大挑战。

一是农耕文化消解与工业文明兴盛对传统家庭家教家风的根本性重塑。在几千年农业文明基础上形成的生产技术、

> **学术圆桌**

耕作制度、生活方式逐步被工业文明、城市生活、信息社会所取代，广大乡村在家庭家族基础上形成的熟人社会伦理开始向城市生活中由独立个体构成的陌生人伦理、虚拟网络伦理让位。以工业化大生产为主的市场经济不断地把人口聚集起来，使得劳动密集化的大、中、小型城市如雨后春笋般涌现出来。但城市与乡村存在重大差别，乡村通常由一个或几个宗法家族构成，宗族成员世世代代居住在一起，人与人之间有着十分紧密的血缘姻亲关系，以此为基础形成了辈分等级、权力等级、财产等级等。而工业化的大城市把无数进城农民改塑成城镇市民，这些远离自然和生活直接性的城市市民涌入企业、机关、公共服务组织，结成了各种各样的新型社会联盟，摆脱了血缘、权力、土地等各种束缚，他们的行为态度、精神气质和心理结构均发生了根本性变化，并且形成了与乡村伦理迥然有别的城市伦理。乡村伦理主要依靠以宗法血缘关系为基础的传统社会意义上的德性情感、良知决断和神圣信念来维系，而城市伦理则主要依靠彼此算计、金钱货币、规章制度和法律条文来维系。

二是支撑传统家庭家教家风建设的家族宗法制度和家国同构制度逐步解体，人们开始在崭新的社团组织和制度结构中重塑自我。家族宗法制是中华文明特有的文化标识，自殷

> 学术圆桌

商至近代未曾中断。伴随清朝封建帝制的终结，以亲缘关系和家国同构为旨归的家族宗法制度开始进入全面消解和被迫重塑的历史转换过程。以最具中国特色、持续时间最长、影响最为深远的"丁忧制度"为例，它是中国古代规范官员服丧守孝的强制性制度规定。自汉代始，无论官员职务高低，在父母去世后，必须辞官回原籍守丧三年。尽管各个朝代不乏根据朝廷需要使其提前返朝履职的"夺情起复"现象，但总体而言，这一制度被历代王朝普遍遵循。丁忧制度的道德伦理基础是"孝"与"忠"，是保障中国传统社会孝忠一体和家国同构的重要制度载体，它通过消除私人生活与公共事务的边界实现家与国在结构和功能上的同构，担负着不断强化家国利益共同体的责任。但是，伴随现代国家治理体系的出现，目前我国在法律上明确规定在职干部的丧葬假期只有三天，即使因路程遥远或特殊原因可以适当延长，但都不可能因父母去世而辞职三年去长期守丧。仅从丁忧制度的消解就可以看出，私人领域与公共领域的深度分化已成为现代社会的重要特征之一。

三是维系社群整体利益的家庭家教家风观念逐步式微，个人主义的生育观、生命观日渐兴盛。中国古人在面对自然灾害、抵御外敌入侵和共同农业劳作中，形成了强烈的社群

> **学术圆桌**

性集体主义观念,包括人丁兴旺、多子多福、光宗耀祖等。近现代以来,市场经济、科技理性、民主政治、公民社团逐步占据人类生活的主导地位,致使中国的家庭结构日益小型化,人们的生育水平持续走低,三人核心家庭、二人丁克家庭、单身贵族涌现,人们的生育观念和生存方式发生重大变化。第七次全国人口普查结果显示,2020年我国育龄妇女的生育率为1.3,处于较低水平。国际上通常认为,总和生育率1.5左右是一条"高度敏感警戒线",一旦生育率降至1.5以后,这个社会就有跌入"低生育率陷阱"的可能。更为严重的是,据《2021年民政事业发展统计公报》显示,我国"80后"青年结婚三年之内的离婚率竟高达35%,视婚姻如儿戏,"脑袋一拍就结婚,一言不合就离婚"的现象随处可见。因家庭结构变迁衍生出的个人主义、享乐主义、消费主义、拜金主义思潮迅速流行,这对人们的生育观念产生重大影响。仅以丁克家庭为例,他们拥有双份收入却不要子女,其基本生活追求是兴趣广泛、游历丰富、品味高雅,而没有子女婚事、媳妇备孕、晚辈教育等复杂人伦体验,这对中国传统家庭家教家风中倡导的兄友弟恭、勤劳节俭、严谨持家等生活观念产生巨大的消解作用。

四是老龄社会的到来致使家庭养老模式发生重大转型,

> 学术圆桌

对中国传统家庭家教家风中的"孝亲养老"观念形成持续冲击。据国家卫健委统计，1999年我国60周岁以上老年人开始占10%，按照国际通行标准，我国人口年龄结构正式进入老龄化阶段。预计到2035年前后，我国将进入人口重度老龄化阶段，60岁以上人口占比将超过30%，2020年我国平均家庭户规模降至2.62人，较2010年减少了0.48人。伴随老龄人口急剧增加和家庭养老功能不断弱化，社会机构和社区养老将逐步成为我国主流养老模式。在中国传统大家庭中，通常是青壮年夫妇负责男耕女织，老年父母负责抚养教育子孙，从而形成了浓厚的尊老爱幼、血缘亲情、子孙满堂等道德伦理观念。伴随工业化、城市化生活方式的快速发展，城乡融合一体化趋势无可避免，当家庭养老护幼的核心功能逐步被养老院、幼儿园取代之后，附着其上的家庭家教家风传承功能将被大大弱化。

我国的家庭家教家风建设除了面临上述长时段、大范围的外部挑战外，在深度思想层面还遭遇到内因性的价值结构冲突。特别是改革开放40多年来，伴随西方家文化在我国的广泛传播，围绕我国家文化的个体性与社群性、特殊性与普遍性、前现代性与现代性等极端复杂的价值意义问题，学术界有过多次激烈而深刻的理论交锋。21世纪初德治与法

> **学术圆桌**

治关系问题一度成为我国建构现代国家治理体系的焦点之一,哲学伦理学界也围绕儒家"亲亲互隐"主张导致的德法悖论产生了激烈争论。刘清平认为,在人的存在问题上,儒家既肯定人的个体性,也肯定人的社会性,但儒家将这种个体性和社会性集中到以"血缘亲情"为根基的家庭或家族团体之中,一旦个体性、社会性与血亲性团体利益发生冲突,只能通过否定个体性和社会性来确保血亲团体性的至高无上地位。这一根性特质不仅导致我国几千年来个体人格的独立自由受到严重压制,而且在社会公共生活中,一旦家庭或家族道德与社会公德和国家法律发生冲突时,往往会将团体性的亲情友情置于普遍性的社会公德和国家法律之上。儒家主张的"亲亲互隐"是导致中国社会任人唯亲、徇情枉法、走后门、拉关系等腐败现象滋生蔓延的重要文化根源。黄裕生则认为,在儒家看来人总是承担着无穷无尽的社会角色,但是无论你承担何种角色,你只有意识到自己的存在并确认自己所承担的功能时,你才能真正尽到各种角色所要求的义务和责任;如果失去了个体生命的存在,其他问题将无从谈起,这就决定了个体生命存在具有绝对意义和无上价值。质言之,个人的尊严与权利源自自我存在本身,而不是各种社会角色和社会关系,只有以此为出发点,才能建立起人与人、

学术圆桌

人与社会之间公平正义的伦理规则。而儒家伦理学完全以爱有差等的血亲伦理为出发点，必然导致为了维系家族秩序而将"亲亲互隐"当作伦理准则，进而为了维系权势集团所期冀的社会稳定而将"官官相护"当作政治伦理规则。

今天只有深刻揭橥儒家文化中血亲伦理的局限性，大力开显其蕴涵的个体性伦理原则，才能通过深度的文化涅槃重新走向其所希冀的未来。与刘清平、黄裕生的主张完全相反，郭齐勇认为，对待儒家建立在爱有差等基础上的"仁爱"和"亲亲相隐"学说，必须从本体论和存在论上予以解读，因为儒家重视宇宙人生的根源性和天人之际的感通性，其所提倡的"仁爱"作为终极性实在，它是以"天人合一"为根据的，它包含着更为深广的"民胞物与""仁者浑然与物同体"等思想，可见，儒家的"亲亲相隐"具有深层的人性根基。同时必须指出的是，儒家同样强调私恩与公义的区别，主张"门内之治恩掩义，门外之治义断恩"。广为人知的《包公铡侄》戏剧就反映了北宋名臣包拯在公私两难中铁面无私、大义灭亲的场景。因此，不能把西方的家文化当成现代性和普遍性的代表，把中国的家文化当成前现代性和特殊性的化身，而是要"各美其美，美美与共"。

近年来，伴随中华民族文化自信和历史自信的日渐增强，

| 学术圆桌 |

部分学者对儒学家文化现代价值与意义的持续伸张引发广泛关注。例如：张祥龙在《家与孝：从中西间视野看》中指出，健全的人只能在家中培养，孝和家扎根于深层的人性之中，家的结构和运作既是人类实际生活经验的源头，也是人类生命意义生成的源头，更是治疗当代西方各种社会疾病的良药之一。笑思在其《家哲学：西方人的盲点》中指出，西方哲学和宗教中讲的"人"都是独立于家庭之外的成年人，而中国哲学讲的人是生活于"家"中的人，更接近人类的原貌，更能覆盖宽泛的世界，伴随东亚经济的崛起，儒学的家文化终将引领人类的未来发展。不难看出，如何将中国儒学所倡导的家文化经过创造性转化、创新性发展，构建出一套适合当代中国和全球社会所需要的伦理愿景，使其真正具备现代人类所需要的道德伦理规范性和普遍性，仍将长期面临西方个人主义、多元主义、相对主义等现代人文思潮的深度挑战。

新时代我国家庭家教家风建设内容的历史性突破

古人云："天下将兴，其积必有源"。我们揭橥中国传统家庭家教家风建设的历史渊源、理论逻辑、民族特质，并对其所面对的外部生存环境挑战和内部价值结构冲突予以深度辨析，就是要通过抵达历史深处、倾听历史回响、揭示历史

> 学术圆桌

逻辑，从而再造中华民族家庭家教家风建设的新辉煌。党的十八大以来，习近平总书记高度重视新时代家庭家教家风建设，围绕有效滋养人性之温情、维系和谐之家庭、建构社会共同体、培育高尚家国情怀等作出重要论述。

一是以马克思主义家庭家教家风理论为指引，赓续中国共产党人红色家庭家教家风传统，不断将其推向历史发展新高度。马克思、恩格斯曾对家庭家教家风问题进行过深入研究，注重从社会基本矛盾运动引发家庭结构变迁的视角，深入辨析家庭家教家风的运演轨迹，特别是在其《德意志意识形态》和晚年的历史学笔记中，对资本主义私有制中的家庭家教家风问题进行了批判性分析。马克思指出："关于现代的一夫一妻制家庭：它必然随着社会的发展而发展，随着社会的变化而变化，就像它过去那样。它是社会制度的产物……我们可以推想，它还能更加完善，直到达到两性间的平等为止。"恩格斯在其《家庭、私有制和国家的起源》中进一步指出："在现代家庭中丈夫对妻子的统治的独特性质，以及确立双方的真正平等的必要性和方法，只有当双方在法律上完全平等的时候，才会充分表现出来。"

受马克思主义家庭家教家风理论指导，中国共产党人早在五四新文化运动时期，就围绕个人价值与家庭伦理的冲突

学术圆桌

对中国封建性婚姻家庭道德展开了深入批判,包括反对包办婚姻,追求自由恋爱;反对夫为妻纲,提倡男女平等;倡导新式贞操观,反对封建贞操观等。陈独秀在《新青年》杂志上批判儒家三纲五常理论时指出:"君为臣纲,则民于君为附属品,而无独立之人格矣;父为子纲,则子于父为附属品,而无独立之人格矣;夫为妻纲,则妻于夫为附属品,而无独立自主之人格矣。"上述主张在强调公民个体自由独立人格、大力批判封建宗法家庭观念层面,无疑具有重要的历史进步意义,但就其对传统家庭家教家风历史作用的认知而言,具有一定程度的历史局限性。

在中国共产党领导中国革命和建设时期,毛泽东同志多次强调对中国传统家庭家教家风文化必须采用取其精华、去其糟粕的科学态度,在此思想指导下逐步形成了中国共产党人独具特色的家庭家教家风传统。老一辈革命家最突出的道德特质就是对中国共产党的绝对忠诚,而涵养忠诚品质必须从家庭家教家风做起。他们做事坚持原则、敢于负责,关键时刻豁得出去、顶得上去,这与他们尽心尽力履行家庭责任和义务具有内在的一致性。他们通过言传身教,将忠诚担当、严以律己的高尚品质落实到对子女的家庭道德、家教文明、家风传承之中。特别是他们在革命和建设时期形成的艰苦奋

> 学术圆桌

斗、严以治家的红色家庭家教家风传统,不仅有助于构筑子女们的世界观、人生观和价值观,而且广泛影响着革命队伍内部良好风气的形成。1950年颁布实施《中华人民共和国婚姻法》,对新中国成立后家庭家教家风建设发挥了革命性的奠基作用。该部法律明确规定:"废除包办强迫、男尊女卑、漠视子女利益的封建主义婚姻制度,实行男女婚姻自由、一夫一妻、男女权利平等、保护妇女和子女合法权益的新民主主义婚姻制度。"通过广泛宣传,新婚姻法家喻户晓、深入人心,这对我国社会主义改造和建设时期社会各阶层家庭家教家风建设产生了极其深远的引领作用。

改革开放以来,面对中国社会结构的快速变革和西方家庭家教家风文化的广泛影响,中国共产党人不断探索,逐步形成了我们党家庭家教家风建设的基本指导原则,这就是发扬我们党领导人民在长期革命和建设实践中形成的优良传统道德,继承中华民族几千年来形成的传统美德,积极借鉴世界各国道德建设的成功经验和先进文明成果。邓小平同志一生充满强烈的家国情怀,并说:"我是中国人民的儿子,我深情地爱着我的祖国和人民。"他在家庭生活中与妻子相濡以沫,并结合自己"三落三起"的人生经历,反复告诫子女要学会在困境中磨炼自己,严格自律,依靠自己的双手创造出

> **学术圆桌**

其所追求的美好世界。江泽民同志高度重视我国的家庭家教家风建设,2001年中共中央颁发了《公民道德建设实施纲要》,明确提出了崭新的家庭家教家风建设要求:在家庭道德方面,强调正确处理家庭生活与社会生活的关系,正确对待和处理家庭问题,共同培养和发展夫妻爱情、长幼亲情、邻里友情,努力实现家庭的美满幸福和社会的安定和谐;在家庭教育方面,主张高尚品德必须从娃娃抓起,要深入浅出地进行道德启蒙教育,通过对孩子的循循善诱,以事明理,来引导其分清是非,辨别善恶;在家风传承方面,要通过家庭每个成员良好的言行举止,相互影响,共同提高,从而形成良好家风。胡锦涛同志多次强调,领导干部只有严格管好、管住子女和亲属,不利用职权谋私利,自觉摆正党性与亲情、家风与党风的关系,才能真正为人民掌好权、用好权。

二是结合新时代中国家庭家教家风建设的实际需要,对中国传统文化中优秀的家庭家教家风思想进行创造性转化、创新性发展,不断增强其时代性和时效性,使其在与时俱进中重新绽放异彩。习近平总书记在谈到中国古代家庭美德的重要作用时指出:"中华民族历来重视家庭。正所谓'天下之本在家'。尊老爱幼、妻贤夫安,母慈子孝、兄友弟恭,耕读传家、勤俭持家,知书达理、遵纪守法,家和万事兴等中

> 学术圆桌

华民族传统家庭美德,铭记在中国人的心灵中,融入中国人的血脉中,是支撑中华民族生生不息、薪火相传的重要精神力量,是家庭文明建设的宝贵精神财富。"在谈到中华民族的家教文明时强调:"家长特别是父母对子女的影响很大,往往可以影响一个人的一生。中国古代流传下来的孟母三迁、岳母刺字、画荻教子讲的就是这样的故事。我从小就看我妈妈给我买的小人书《岳飞传》,有十几本,其中一本就是讲'岳母刺字',精忠报国在我脑海中留下的印象很深。作为父母和家长,应该把美好的道德观念从小就传递给孩子,引导他们有做人的气节和骨气,帮助他们形成美好心灵,促使他们健康成长,长大后成为对国家和人民有用的人。"在谈到家风传承问题时指出:"古时,那些子孙多贤达、功业多卓著的名门,无不与其良好家风的传承息息相关。北宋杨家兴隆三代,将帅满门,人人忠肝义胆,战功卓著。究其缘由,不由让人感叹'杨家儿孙,无论将宦,必以精血肝胆报国'之家风的分量。"从习近平总书记的以上重要论述足以看出,要搞好新时代中国的家庭家教家风建设,就必须大力弘扬中华民族家庭道德、家教文明、家风接续的优良传统,通过对其创造性转化、创新性发展,使其闪耀出新时代的光芒。因为一个民族只有归属到与其祖先和血缘相关联的存在结构之

> **学术圆桌**

中,才能不断开拓新的生存空间,并锻造和升华出笃定的独特品性。

三是2019年中共中央和国务院共同颁布了《新时代公民道德建设实施纲要》,再次将我国的家庭家教家风建设推向新高度。该纲要在总结2001年《公民道德建设实施纲要》,特别是党的十八大以来我国公民道德建设经验基础上,将习近平新时代中国特色社会主义思想明确为指导方针,在谈到新时代中国家庭道德建设时指出:"推动践行以尊老爱幼、男女平等、夫妻和睦、勤俭持家、邻里互助为主要内容的家庭美德,鼓励人们在家庭里做一个好成员"。所谓"尊老爱幼"就是继承中国传统家庭美德中"老吾老以及人之老,幼吾幼以及人之幼"的优良传统,努力做到对父母有尊敬之心,父母在养育子女中给子女以亲情和关爱,尊重其人格权利和个人隐私,父母和子女在共同承担家庭责任与义务中,共同建设幸福之家。"男女平等"是指男女在家庭中具有平等的权利与义务、平等的地位与价值、平等的人格与尊严。在这方面要特别注意对传统社会"男尊女卑"道德规范的扬弃,充分体现新时代社会主义婚姻家庭制度的本质特征,使男女平等真正成为新时代家庭美德的应有之义。"夫妻和睦"强调夫妻之间在生活上相互关心和帮助对方,在事业上相互理

> 学术圆桌

解和支持对方，在感情上相互爱恋和体贴对方，特别是夫妻之间在处理各种家庭矛盾时，要以坦诚的态度彼此相待，以相互理解的精神宽容对方，只有持之以恒地珍惜、培育和增进这种感情，才能永葆夫妻和睦关系的存在。"勤俭持家"是保证家庭物质基础稳固的前提条件，它要求每个家庭成员必须通过勤勉刻苦、节约简朴、奋发努力来丰富家庭的物质财富，努力避免骄奢淫逸。孔子的"温、良、恭、俭、让"和老子的"慈、俭、让"，都将"俭"视作家庭生活的主要美德之一，它们是建构当代中国家庭美德的重要思想资源。"邻里互助"是家庭内生德性的外在延伸，任何家庭必然处于邻里关系之中，只有邻里之间团结互助、和睦相处，才能实现家庭内部的快乐与幸福。《新时代公民道德建设实施纲要》在谈到新时代家庭教育问题时强调，要引导广大家庭重言传、重身教，教知识、育品德，以身作则，耳濡目染，用正确的道德观念塑造孩子美好心灵，让孩子养成孝敬父母、尊敬长辈的良好品质，让美德在家庭中生根，在亲情中升华。《新时代公民道德建设实施纲要》在谈到新时代家风建设问题时指出，推动形成爱国爱家、相亲相爱、向上向善、共建共享的家庭文明新风尚，倡导忠诚、责任、亲情、公益的家庭理念，让家庭成员在相互影响、共同提高中，为家庭谋幸

> 学术圆桌

福，为他人送温暖，为社会作贡献，从而培育出高尚的家庭新风尚。

在多措并举中推动新时代家庭家教家风建设迈上新台阶

明确了新时代家庭家教家风建设的具体内容之后，通过何种措施来对其予以大力推进和全面落实，就成为新时代家庭家教家风建设的重大实践性课题。党的十八大以来，以习近平同志为核心的党中央，通过深化教育引导、推动实践养成、净化网络空间、强化制度保障等多种措施，使得我国新时代家庭家教家风建设迈上新台阶。

首先，扎实做好家庭家教家风教育引导方面的各项工作。一是结合我国基础教育、职业教育、高等教育的不同特点，将家庭家教家风内容融入其中，体现到学科体系、教学体系、教材体系、管理体系建设中，在传授各种知识过程中，运用古今中外家庭家教家风建设的先进理论和优秀案例，充分发挥其道德教化作用。

二是中宣部和中央文明办协调工青妇部门，定期评选五好家庭先进集体和个人、寻找和推荐全国最美家庭，在历届全国道德模范评比中，都将体现家庭家教家风的"孝老爱亲"

> 学术圆桌

榜样予以大力褒扬，通过这些先进典型树立起鲜明的时代价值取向，充分彰显家庭家教家风建设的道德高度。

三是在各个领域的新闻报道和娱乐、体育、广告节目栏目中，在爱国主义教育基地、图书馆、博物馆、纪念馆等文化设施中，结合家庭家教家风建设领域的热点问题，开展有针对性的道德教育，特别是以家庭案例说理明德，增强家庭成员的规则意识、责任意识，激浊扬清，弘扬正气。

四是通过优秀文艺作品陶冶广大人民群众的家庭家教家风道德情操。近几年广播电影电视部门陆续推出的《金婚》《父母爱情》《人世间》等众多优秀文艺作品，为广大人民群众普遍喜爱，这些作品通过塑造真实可亲的家庭家教家风故事，起到了温润人民心灵、启迪群众心智、引领社会风尚的积极作用。

五是抓好重点群体的教育引导，充分发挥党员干部在家庭家教家风建设中的带头作用。每个党员干部家庭成员都要高度重视道德主体性的培养，包括树立"积善之家必有余庆，积不善之家必有余殃"的道德信念，提高家庭家教家风基本常识的认知和实践能力，大力培育家庭生活中温良恭俭让的道德情感，搞好礼貌待人和行为规范的教育教化。特别是以老一辈革命家为榜样，廉以修身，廉以持家，克己奉公，在

> **学术圆桌**

明大德、守公德、严私德中，争做家庭家教家风建设的领头雁。

其次，将家庭家教家风实践养成机制落到实处。一是将家庭家教家风建设与广泛开展弘扬时代新风行动相结合。近些年各级党政机构着眼于完善社会治理和规范社会秩序，在大力推动街道社区、交通设施、医疗场所、景区景点、文体场馆的精细管理和规范运营过程中，充分体现家庭家教家风建设内容，诸如：在交通设施上设置老年人和孕妇专用席位、在医疗场所让高龄老人优先获得医治、在景区景点为老年人提供专用车辆等。

二是将家庭家教家风建设与深化群众性创建活动相结合。在文明城市、文明村镇、文明单位创建活动中，将家庭家教家风建设作为重要因素纳入考核指标体系，涉及城市、村镇、单位内市民、住户、职工的家庭美德、家教文明、家风传承等。

三是将家庭家教家风建设与广泛开展的移风易俗行动相结合。摒弃家庭生活中的陈规陋习、培育家教文明新风、创新家风传承方式是实施乡村振兴战略的重要内容之一。为此，全国各地乡镇党政部门充分发挥村规民约、道德评议会、红白理事会的作用，在农村家庭的婚丧嫁娶方面，破除铺张浪

> 学术圆桌

费、薄养厚葬、人情攀比等不良风气，不断焕发乡村家庭家教家风文明新气象。特别是在广大农村大力提倡科学精神，广泛普及科学知识，在家庭家教家风建设中努力抵制封建迷信和腐朽落后文化影响，为有效防范极端宗教思想和非法宗教势力渗透起到了重要作用。

四是将家庭家教家风建设与积极践行绿色生产生活方式相结合。在全国各地广泛开展的共建美丽中国的宣传实践活动中，引导每个家庭在日常生活中牢固树立尊重自然、顺应自然、保护自然、与自然和谐共处的生活理念，明白绿水青山就是金山银山的根本道理，在家庭日常生活中增强生活用品节约意识、垃圾分类意识、环境保护意识等，倡导简约适度、绿色低碳的生活方式，拒绝家庭生活的奢华与浪费，养成绿色家庭文明，传承绿色家庭风尚。

再次，抓好网络空间的家庭家教家风建设。网络空间内的信息内容深刻影响着人们的思想观念和行为方式，如何在网络空间中搞好家庭家教家风建设，已经成为制约我国家庭家教家风建设向高层次发展的重要瓶颈。进入新时代以来，一是不断加强家庭家教家风优秀网络内容的建设。引导互联网企业和广大网民努力生产格调健康的家庭家教家风文化，在网络文学、网络音乐、网络表演、网络电影、网络剧、网

> **学术圆桌**

络音频视频、网络动漫、网络游戏中,弘扬家庭家教家风建设的主旋律和正能量,特别是网上出现家庭家教家风领域的热点话题和突发事件后,迅速作出正确引导,帮助人们明辨是非,分清善恶。

二是努力培养家庭家教家风中文明自律的网络行为。网上行为主体的文明自律是保证网络空间中家庭家教家风建设的基础,通过倡导文明办网,推动互联网企业自觉履行和承担社会责任,推进网民网络素养教育,引导广大网民远离不良网站和防止网络沉迷,在文明互动、理性表达、尊德守法中,不断促进网上家庭家教家风建设的高质量发展。

三是强化互联网领域的依法经营和综合治理。坚决打击网上破坏家庭家教家风建设的有害信息传播,通过各种网络专项治理,有效清理网络恋爱欺诈、网络色情低俗、网络家庭暴力、网络造谣诽谤等行为,促进网络空间内家庭家教家风建设氛围的日益清朗。

最后,充分发挥制度保障在家庭家教家风建设中的重要作用。在新时代家庭家教家风建设中,必须高度重视法律法规、公共政策、社会规范的重要作用,特别是要充分发挥与家庭家教家风建设密切相关的《民法典》《婚姻法》《家庭教育促进法》等各种法律规范的作用。因为道德是内心的法律,

> **学术圆桌**

法律是成文的道德，在新时代家庭家教家风建设中，既要强化道德对法律的支撑作用，把道德要求贯彻到法治建设全过程之中，包括立法、执法、司法、守法各个环节，及时把家庭家教家风建设中被广泛认同、较为成熟、操作性强的道德要求转化为法律规范。包括在制定和实施各项公共政策时，充分体现新时代家庭家教家风道德要求，尽可能实现政策目标与道德导向的有机统一。

加强对公共政策道德风险和道德效果的评估，及时纠正与新时代家庭家教家风要求相背离的突出问题，促进公共政策与道德建设的良性互动。与此同时，更要运用法治手段解决家庭家教家风道德建设领域出现的各种问题，优良家庭家教家风的形成、巩固和发展，必须通过法治建设作为有效保障，因为法律既能对家庭成员的道德权利发挥保护作用，也能对家庭成员的严重不道德行为起到巨大的约束作用。例如：在个别家庭中，出现重婚或配偶与他人同居、虐待或遗弃家庭成员、实施家庭暴力、有赌博和吸毒恶习屡教不改、因财产纠纷引发激烈矛盾等现象时，只有不断推进家庭矛盾调处的法治化和制度化措施，建立起惩戒制度、监督制度、管理制度有机统一的婚姻家庭和民事法律法规体系，才能通过强有力的他律手段实现家庭成员的道德自律，从而将新时代家

> 学术圆桌

庭家教家风建设建构在扎实的法律基石之上。

通过以上论述不难看出，只要各级党委和政府真正认识到家庭家教家风建设的极端重要性，切实负起领导责任，能够把相关任务摆上重要议事日程，纳入全局工作谋划推进，与之密切相关的精神文明建设委员会、工青妇、基层村镇街道社区等部门，充分发挥统筹、协调、指导、督促作用，紧密结合工作职能，积极发挥自身优势，大力动员社会各界广泛参与，一定能够促使我国家庭家教家风建设领域取得更大成就，最终形成新时代爱国爱家、相亲相爱、向上向善、共建共享的中华民族新风尚。

《马克思主义研究》（2022 年第 11 期）

> 学术圆桌

家教家训的教化功能

韩 昇

中华家风家教家训呈现出中国自身的特点，映射出中华民族自古以来的生产方式与生存形态。这种与自然、社会相处相生的智慧与教化功能，通过长辈的言传身教在家族内部代代赓续，源远流长。仔细考察，不难发现各种文明凝聚而成的家风家教家训各有特点，千姿百态。

家风家教家训是教育的重要抓手

中华古代家训适应定居性农业文明的特点，特别重视族群内部的秩序与安定，注重家族和睦与互爱互助。孟子提出乡井邑落里人际关系的形态，应该做到出入相友，守望相助，疾病相扶持。实现这一目标的基础是古代家族的伦理，即"父慈子孝、兄友弟恭、夫义妇顺"。为了实现这个目标，每个成员都要自律，加强自我品格修养，首先从自我做起，扩及家族，长大后走向社会，承担起社会责任，贯彻道德修养，进而治理国家，实现天下大同，儒家把这个逐步扩展的过程

> **学术圆桌**

归纳为：修身、齐家、治国、平天下。

北宋宰相司马光撰写了历史著作《资治通鉴》，取得这般成就与他童年受到的教育密切相关。孩提时对小朋友的关爱，长大后变成对民生的高度关切，不顾个人政治得失，为民请命；沉着冷静的性格使他能够客观地理解和分析历史，明察事物发生演变的来龙去脉，知晓历史发展的趋势。历史表明，学龄前是人成长中非常关键的时期，通过对各种事物的认知，孩子在扩展对于世界的认识，同时在树立价值观，人文与自然知识互动，培养理解与领悟的能力。在此扩展的过程，可以看出从个人品德修养到社会公德直至治国平天下的伦理道德基础和理论升华，打通了个人的教育和社会公共教育的关系。由此可知，家教家训是社会公德的基础，也是人的教育的重要抓手。

传统的力量在于造就一代又一代的新人。家训不是用来对外吹嘘和自我标榜的东西，它们属于传家秘籍，只在家族内部传承，付诸实践。家风家教家训具有几个重要的特点：

真实性。因为家训是经验之谈，所以，它不同于一般说教的书籍，读起来觉得亲切，而且踏实可靠，融合了社会的行为准则和家族的处世经验，很少有大话虚饰，其中不少是秘不示人的独家心得。

> 学术圆桌

实用性。许多美好的道德，崇高的理想，如果不能贯彻，便只是空中楼阁，停留于观念之中，甚至是伪善。而家训用来切切实实地教育子孙，因此，它必须把美好的道德化为日常生活中可以做到，并且必须遵循的行为规范，从小做起，毫不含糊，最终成为生活习惯，无须刻意却能自然而然地遵守。

有效性。家风家教家训是从人生经验中总结出来的智慧，把伦理道德化成日常的行为规矩和礼仪，培育文明而高雅之人，千百年来成效显著，潜移默化中规范着我们的思维和行为习惯，乃至构成了中华民族的血脉、价值与族群认同的凝聚力。

看世界历史，多少曾经称霸一时的民族或国家却早已烟消云散，不见踪影，究其原因同样在于文化。没有强大文化的民族，无论军事力、经济力如何强大，最终都衰败了。所有传承至今的民族，都是靠着文化的智慧而生生不息。生存竞争归根结底是文化的竞争，依靠的是智慧的导航。

历史上廉洁奉公的官员多来自严格的家教

教育最根本的是教做人的道理，培育善良气质，树立人生目标，在具体实施上要从小处着手。曾国藩对子弟的第一

如何传承好家风

> **学术圆桌**

条要求是"习劳苦",要勤理家事,严明家规。第二条,孩子在家里要严守规矩,谦和有礼,尊敬长辈,和睦族人,破除骄逸。第三条,从小一定要读书。读书为了什么?为了明理,而不为做官发财。曾国藩不希望孩子带着功利之心去读书。有人做过一个统计,官宦之家一般能够延续一两代,然后就没落了;富裕家庭差不多可以维持三、四代;倒是在基层勤勤恳恳、谨慎做人的农耕之家,可以维持五、六代以上。从历史来看,那些百年家族几乎没有例外,都要转变为文化家族,文化家族才能绵绵不绝。第四条,不留家产。曾国藩做大官,清白廉洁,没打算给子女留下万贯家财。第五条,子弟不能沾染官宦人家的习气,不能开口便称我爸爸是谁,我家多有权势,盛气凌人,这就是官宦子弟的恶习。

家教从古到今,方法不同,道理都一样。南朝有一员名将叫做王僧辩,统军驰骋疆场数十年,屡立战功。最让人称道的是这位在战场上叱咤风云的将军,性格非常平和,待人接物从不高人一等,说话和气,关心别人,根本看不出他是让敌人闻风丧胆的虎将。而且,王僧辩善于治家,把一个大家族治理得和睦相亲,长辈慈爱,子孙恭敬。人说"家和万事兴",王僧辩家一派欣欣向荣的和气。他为人低调,一再自抑,反而步步高升,当上了朝中位高权重的大司马官,位

学术圆桌

极人臣,满朝文武乃至乡间百姓无不羡慕。王僧辩有这样的品格,是因为母亲很好的教育。他母亲管教孩子很严,从小立规矩,严格执行。王僧辩40多岁当上大将军,仕途当红,已经身为人父,可母亲对他的要求丝毫没有放松,只要做错了事,母亲一样还会揍他,动用家法。

唐朝盛世,五彩斑斓。然而,打造盛世的官员们严以律己,生活十分简朴,廉洁奉公,可以看得出家教的影响。身为宰辅大臣的中书令岑文本,住在低湿之地,家里没有帷帐装饰之物。赫赫有名的魏征,所居家屋竟然没有正堂,晚年生病,家里人多吵闹,难以安养。尚书右仆射温彦博,经济拮据,家里没有正堂主卧,去世的时候只能停枢于偏房。这些事例都反映出唐朝的官风。一大批廉洁奉公的官员,来自严格的家教。

从汉唐盛世看家风家教家训的作用

刘邦出身于社会基层,受到的文化教育甚少。但是,他在多年的戎马生涯中深刻体会到家教的重要,所以,在他临终的遗嘱中郑重交代子女要努力学习,好好做人。这篇遗嘱堪称刘氏家教的开山之作。刘邦年轻时贪酒好色,向往奢华的生活。到汉朝建立之后,他以身作则,勤俭节约。按照礼

> 学术圆桌

制的规定，天子乘坐六匹骏马的座车，然而他鉴于社会残破、民生凋敝的现实情况，带头厉行节俭，乘坐四匹杂色马拉的车子，成为历史佳话。更重要的是，因此推动了勤俭的社会风气。每一个盛世，不是盛于奢，而是盛于俭，家训说成于俭，败于奢，就是这个道理。勤俭、朴实，通过努力的学习，提高眼界，开拓胸怀，奋发向上，才能锻造出蒸蒸日上的伟大时代。

唐太宗非常重视对子女的家教，特别强调人格的培养和学习的提升。从魏晋南北朝许多失败的历史教训中，唐太宗君臣认为骄奢是导致败亡的根本原因，指出创业的第一代罕有失败的，原因在于他们生长在民间，深知百姓的疾苦，立志救国救民，自身克勤克俭，所以取得成功。唐太宗对此看得很准，南朝陈后主属于奢靡亡国的类型，北朝至隋朝末代皇帝属于骄横自大的类型。无论哪一种，都是缺乏家教的表现。为了引起子女们的重视，唐太宗专门命令史臣汇集古代帝王成败事迹，编成《自古诸侯王善恶录》一书，分发给子女们认真阅读，好好思考。

生活条件优裕，父母溺爱，是子女走向失败的开始。唐太宗讲了曹魏家族中曹操溺爱曹植的例子，因为受到曹操的偏爱，所以不守规矩，逾越等级身份，对太子造成威胁，曹

> 学术圆桌

操死后受到魏文帝的严厉拘束。破坏规则乃至触犯国法，往往是从小没有家教，目无法纪造成的。生活简朴，懂得约束自我，长大后做事便会谨慎，处处知道法律的边界。

对于领导者而言，学习至关重要。众所周知，反秦大起义的领袖刘邦鄙视文化，时常作践士人。然而，在建立汉朝的过程中，他深刻体会到文化的重要性。学习将改变人的眼光和格局，关系到事业的成败。所以，他临终的时候给接班人惠帝最后的遗嘱，叮嘱他好好学习。唐太宗认为首先要树立起谦虚恭敬的态度，贞观三年，他给太子聘请李纲为师傅。太子给师傅的书信以"惶恐"起首，用"惶恐再拜"结尾。总的来看，唐朝重视家教，历代皇帝水平比较高。盛世是逐渐建造而成的，需要几代人的不懈努力。中国兴旺发达的时代莫不如此。唐代以前公认的盛世为汉朝，汉朝从刘邦建立以后，历经惠帝，进入著名的"文景之治"时代，再上一层楼达到汉武帝建构国家主导文化，走向繁荣昌盛。家教家训的重要性，有目共睹。

《中国纪检监察》（2023 年第 23 期）